JEUNE NATURALISTE

4ᵉ SÉRIE IN-12.

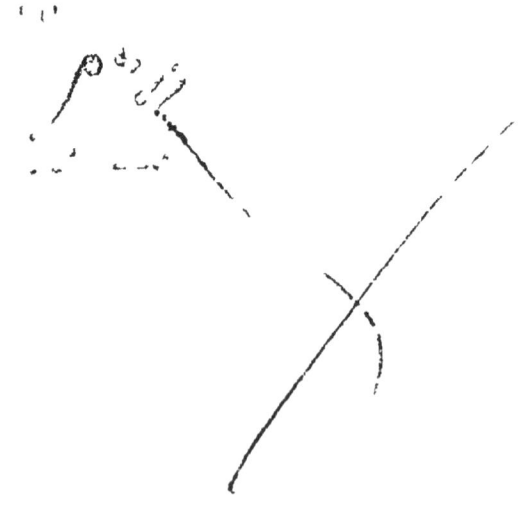

LE
JEUNE NATURALISTE

ÉTUDES

SUR LA NATURE.

ANIMAUX, PLANTES ET MINÉRAUX.

EXTRAITS DE BERQUIN.

LIMOGES

EUGÈNE ARDANT ET Cie, ÉDITEURS.

Propriété des Éditeurs

LE
JEUNE NATURALISTE.

I

LA CAMPAGNE

Nous voici donc enfin arrivées à la campagne, ma chère Charlotte ; et puisque nous sommes si bien disposées à faire ensemble de petites promenades pour fortifier notre santé par un exercice agréable, j'ai pensé qu'il serait facile de les faire servir également à étendre nos connaissances. Il n'est pas un seul objet sur la terre qui ne puisse offrir autant d'instruction que d'agrément, lorsqu'on sait l'examiner avec soin ; et je suis persuadée que nous sentirons bientôt, par nos observations, que rien n'a été fait en vain dans la nature.

Henri, votre frère, n'est encore qu'un bien petit garçon, il est vrai ; mais il est plein d'intelligence et doué d'une heureuse mémoire. J'espère qu'il sera en état de comprendre beaucoup de choses dont nous aurons occasion de parler ; c'est pourquoi j'ai le projet de le mettre de la partie. Oh! je meurs d'envie de le voir aujourd'hui. Il vient de quitter les premiers habillements de l'enfance, et j'ose croire qu'il est déjà tout fier de cette métamorphose. Mais qui vient donc à nous? — Votre servante, Monsieur. — Comment, c'est vous, Henri? Comme vous voilà leste et pimpant! Je ne pouvais deviner quel était ce petit-maître que je voyais s'avancer d'un air délibéré. Maintenant que vous êtes habillé comme un homme, je me flatte que vous commencez à imaginer que vous l'êtes en effet. Mais quoique vous sachiez déjà lire assez joliment, fouetter une toupie et pousser une balle, je vous assure qu'il vous reste encore beaucoup de choses à apprendre. Je serai charmée de vous faire part de tout ce que je sais. Nous allons, votre sœur et moi, faire un petit tour de promenade dans les champs. Seriez-vous fâché de venir avec nous? Bon! je vois à votre mine que vous ne demandez pas mieux, n'est-ce pas!

LA PRAIRIE.

Vous vous souvenez, mes chers enfants, que, dans notre petite course d'hier au soir, je vous fis observer une grande variété de plantes et de fleurs. Je vous montrai les troupeaux qui couvraient les pâturages, et les oiseaux qui voltigeaient de branche en branche sur les buissons. Je vous dis le nom de tout ce qui frappait nos regards. Mais il y a un plus grand nombre de choses agréables à connaître à leur sujet. Mon dessein est de commencer à vous instruire aujourd'hui, tout en nous promenant. Charlotte va se disposer à cette expédition; ainsi, prenez votre chapeau, mon petit Henri. Nous irons d'abord dans la prairie, où je suis sûre qu'il se présentera bientôt quelque chose digne de notre curiosité.

Eh bien! mes petits amis, qu'en dites-vous? N'est-ce pas un endroit charmant? Quel air de fraîcheur on y respire! Comme l'herbe en est épaisse et verdoyante! et de combien de jolies fleurs elle est émaillée?

Je n'ai pas besoin de vous dire quel est l'usage de cette herbe qu'on appelle ordinairement gazon ; vous avez vu si souvent les vaches, les chevaux et les brebis s'en repaître! mais ils ne la mangent pas toute sur la prairie ; on leur réserve certains quartiers pour le pâturage, et on les éloigne des autres aussitôt que l'herbe commence à grandir. Elle n'atteint sa parfaite maturité qu'au mois de juin, ce que l'on reconnaît par la couleur jaune qu'elle prend. Alors les faucheurs la coupent avec un instrument de fer recourbé qu'on nomme une faux ; ensuite viennent des faneurs qui la tournent et la retournent avec des fourches de bois, en l'étalant sur la terre pour la faire sécher au soleil. Elle prend alors le nom de foin. Dès que le foin a perdu toute son humidité, et qu'il n'y a plus de danger qu'il s'échauffe, on le ramasse avec des râteaux, et on l'emporte sur des chariots dans la cour de la ferme, où il est entassé en grands monceaux qu'on appelle meules.

C'est de ces meules énormes que l'on tire le foin pour le lier en milliers de bottes, et le donner aux chevaux que l'on tient à l'écurie. Il sert aussi dans l'hiver à nourrir les troupeaux ; car alors il y a bien peu de gazon pour eux sur la terre, et encore moins lorsqu'elle est couverte de neige. Tout cela vient de petites graines qui ne sont pas plus grosses que des têtes d'épingles, et les graines sont venues des fleurs que vous pouvez remarquer à présent à l'extrémité de la tige.

Dans une prairie où l'on fauche le foin, il se détache toujours un grand nombre de graines qui, l'année suivante, produisent le gazon ; mais si l'on veut faire une prairie dans une pièce de terre neuve, il faut recueillir les graines pour les semer.

Ces jolies fleurs dont vous venez de faire un bouquet, Charlotte, viennent également de graines qui se trouvaient mêlées parmi celles du foin. Voilà des boutons d'or, des coquelicots et des marguerites de pré. Ces fleurs sont bonnes pour les troupeaux, e servent à donner un goût agréable au gazon. Il y en a même qui sont médicinales, c'est-à-dire bonnes à composer des remèdes pour une infinité de maladies auxquelles nous sommes sujets.

Ne pensez-vous pas, Henri, que le gazon, dont la douce verdure embellit tant les campagnes, est en même temps une production bien utile? Je suis sûre que les pauvres troupeaux le diraient encore mieux que nous, s'ils étaient en état de parler. Ils n'ont pas de cuisinier pour préparer leurs repas; ils ne peuvent pas même faire comprendre ce qui leur est nécessaire. Mais Dieu a su pourvoir à leurs besoins. Vous voyez que leur nourriture s'étend sous leurs pieds, et qu'ils n'ont qu'à se baisser pour la prendre. S'il en coûte à l'homme des soins légers pour la faire venir, c'est bien le moins qu'il donne quelques-uns de ses moments à ces utiles animaux, dont les uns lui épargnent tant de fatigues, et dont les autres le vêtissent de leur laine et le nourrissent de leur chair.

LE CHAMP DE BLÉ

Maintenant nous allons prendre congé de la prairie, et faire un tour dans le champ de blé. Il y en a de plusieurs espèces.

Celui-ci est du froment. Je le reconnais à la hautour de ses tiges. J'espère que nous aurons une abondante récolte. Elle sera bonne à ramasser dans le mois d'août, qu'on appelle le mois des moissons. J'ai mis dans ma poche un épi de l'année dernière, pour vous montrer tout ce que ceci produira. Froissez-le dans vos mains, Henri. Bon! soufflez à présent les barbes, et donnez-moi un des grains. Voilà ce qu'on appelle un grain de froment. Vous voyez qu'il y a plusieurs grains dans un épi. Eh bien! regardez maintenant le pied, vous verrez qu'il vient quelquefois plusieurs tiges, et par conséquent plusieurs épis d'une seule racine ; et cependant toute cette racine provient d'un seul grain qu'on a semé à la fin de l'automne dernier — Cette semence n'a pas été jetée au hasard, et sans beaucoup de soins particuliers. On avait commencé par ouvrir la terre en sillons, quelques mois auparavant, avec ce fer tranchant que je vous ai fait remarquer au-dessous de la charrue. Elle est restée en repos tout l'été, et s'est bien pénétrée du fumier qu'on avait répandu sur les guérets pour l'engraisser, puis on l'a de nouveau labourée. Enfin, vers le milieu de l'automne, un homme est venu dans chaque sillon y répandre des grains, et tout de suite, avec sa herse, il les a recouverts de terre. Ces grains étant enflés et ramollis par l'humidité, il en est sorti en bas de petites racines qui se sont accrochées dans le sein de la terre, et par en haut de petits tuyaux qui ont percé sa surface en plusieurs branches, de la manière que vous pouvez le remarquer Ces tuyaux, montés en haute tige, ont produit les épis, dont chacun renferme à peu près vingt grains ; en sorte que si vous comptez, d'après ce calcul, tout le produit des grains dont la semence a réussi, vous trouverez qu'il peut en être venu environ vingt fois autant que l'on en a mis dans la terre. Les épis, cachés encore dans ces tiges, se développeront peu à peu, se mûriront au soleil, et ressembleront à celui que vous venez de froisser. Alors on coupera par le pied, avec une faucille, les tiges de paille qui les supportent, et on les liera en paquets appelés gerbes, pour les emporter dans la grange, les battre avec un fléau, et les vanner, pour séparer les débris de paille du grain. On enverra celui-ci au meunier pour le moudre en farine sous la grosse meule de son moulin à eau ou à vent. Ensuite la farine sera vendue au boulanger pour en faire du pain, et au pâtissier pour en faire des biscuits et des pâtés.

Imaginez, mes amis, quelle immense quantité de blé on doit semer tous les ans, pour fournir du pain à tant de milliers d'hommes! Le pain est l'aliment le plus sain et le moins cher qu'on puisse se procurer. Il y a beaucoup de pauvres gens qui n'ont guère d'autre nourriture, et n'en ont pas toujours.

Le blé ne viendrait pas comme le foin, sans être ensemencé, parce que le grain en est plus gros et doit être enfoncé plus profondément dans la terre. Je vous ai dit tout-à-l'heure les divers travaux que demandaient les semailles.

Voici une autre espèce de blé qu'on appelle de l'orge. Je vous en ai aussi apporté un épi, pour vous le faire distinguer du froment. Voyez-vous comme il a des barbes longues et fournies? Gardez-vous bien, Henri, de le mettre dans la bouche, car il s'arrêterait à votre gosier et vous étoufferait. L'orge est semée et recueillie de la même manière que le froment; mais elle ne fait pas de si bon pain. Elle est cependant fort utile. Les fermiers la vendent par boisseaux aux marchands de drêche, qui la font tremper dans l'eau pour la faire germer. Alors on la sèche sur de la cendre chaude, et elle devient drèche. On y verse une grande quantité d'eau, puis on y mêle du houblon, qui lui donne un goût agréable d'amertume et l'empêche de s'aigrir. Enfin, en brassant ce mélange, on en fait de la bière, cette liqueur forte et nourrissante qui fait la boisson ordinaire dans plusieurs pays où il ne croît pas de vin. L'orge est aussi fort bonne pour nourrir les dindes, les poules et d'autres oiseaux de basse-cour.

Je vous ai parlé du houblon. Il croît dans les champs qu'on appelle houblonnières. Sa tige monte le long des perches qu'on lui donne pour la soutenir. Ses fleurs, d'un jaune pâle, font un effet charmant dans la campagne. Quand il est mûr, on le sèche, on en fait des monceaux, et on le vend aux brasseurs.

Cette troisième espèce de blé est de l'avoine. Vous avez vu souvent le palfrenier en servir aux chevaux pour les régaler et leur donner du feu. C'est une espèce de dessert qu'on leur présente après le foin.

Il y a aussi une autre espèce de blé qu'on nomme seigle, qui sert à faire le pain bis que mangent les pauvres. On le mêle quelquefois avec du froment, et il donne alors du pain d'un goût assez bon.

Il y a bien des pays qui ne produisent pas de blé pareil à celui qui vient dans nos contrées. Par exemple, le blé qu'on nous a apporté de Turquie est bien différent du nôtre. Sa tige est comme celle d'un roseau avec plusieurs nœuds. Elle monte à la hauteur de quatre ou cinq pieds. Entre les jointures du haut de sa tige sortent des épis de la grosseur de votre bras, qui renferment un grand nombre de grains jaunes ou rougeâtres, à peu près de la figure d'un pois aplati. La volaille en est très friande. On le cultive avec succès dans quelques provinces de la France, surtout dans les landes de Bordeaux, où il sert à faire du pain pour les pauvres habitants.

Vous connaissez aussi bien que moi le millet que l'on donne aux oiseaux. Il vient en forme de grappes, sur des tiges plus courtes et plus menues que celles du froment. La farine en est excellente, cuite avec du lait.

Je vous ferais venir l'eau à la bouche si je vous parlais du riz, que l'on prépare aussi avec du lait. Mais croyez-vous qu'il a besoin d'être presque couvert d'eau pour croître et pour mûrir?

Dans les pays où la terre n'est pas propre à produire du grain, les pauvres habitants sont réduits à se nourrir de fruits, de racines, de gâteaux de pommes de terre, d'une pâte de marrons cuits au four. On est même quelquefois obligé, dans les pays les plus fertiles, d'avoir recours à ces tristes aliments, lorsqu'il survient des années de stérilité. Deux bons citoyens, MM. Parmentier et Cadet de Vaux, ont enseigné la meilleure manière de les préparer.

Quelles grâces, mes enfants, nous devons rendre à Dieu, nous qui n'avons jamais éprouvé ces cruels besoins! J'espère que vous serez touchés de cette réflexion, et que vous vous ferez un devoir de ne jamais gaspiller ce qui ferait la joie de tant de malheureux. Les miettes mêmes que vous laissez tomber, si elles étaient ramassées, pourraient fournir un bon repas à un petit oiseau, et le rendre joyeux pour toute la journée. Comme il s'empresserait de les partager entre ses petits, qui ouvrent inutilement leurs becs, tandis que leurs parents volent au loin pour leur chercher quelque nourriture! J'étais bien fâchée hier au soir contre vous, Henri, lorsque vous faisiez des boulettes de pain pour les jeter à votre sœur. J'ose croire que vous ne le ferez plus, maintenant que je vous ai fait connaître le prix de ce présent inestimable du ciel. J'ai vu des personnes qui avaient prodigalement gâté du pain pendant leur enfance, pleurer dans un âge avancé, faute d'en avoir un morceau.

LA VIGNE.

Vous avez bu quelquefois du vin de Champagne et de Bourgogne, sans vous embarrasser de la manière dont il se faisait. Entrons dans ce vignoble. Eh bien! Henri, croiriez-vous jamais que c'est de ces petites souches tortues que nous vient la douce liqueur qui nous fait tant de plaisir dans nos repas? Vous connaissez le raisin! Voyez déjà la grappe qui commence à se former. Ces grains, qui ne sont encore que du verjus, s'enfleront peu à peu, et seront mûrs au commencement de l'automne. Vous en verrez faire la récolte qu'on appelle vendange ; mais je suis bien aise, en attendant, de vous en donner une idée.

Dès le matin, les vendangeuses se répandent dans la vigne, coupent le raisin, et en remplissent leurs paniers. Un homme vient les prendre à mesure qu'ils sont pleins, et va les jeter dans de larges demi-tonneaux, placés sur une charrette pour les recevoir, et les porter à un endroit où des hommes foulent les grappes sous leurs pieds. On recueille la liqueur qui découle du pressoir, et on la verse dans de grandes cuves ou petits tonneaux, où elle se purifie d'elle-même en fermentant, jusqu'à ce qu'elle devienne bonne à boire.

Le temps des vendanges est un temps continuel de plaisirs et de fêtes. Aussi sont-elles probablement use que les mois de septembre et d'octobre ont été choisis pour mois de vacances dans toutes les écoles.

Le vin, pris avec modération, est très bon pour l'estomac, et le fortifie; mais, lorsqu'on en boit avec excès, il produit des vapeurs qui troublent la raison, et rabaissent l'homme au niveau de la brute stupide. Vous avez vu quelquefois des ivrognes, vous vous souvenez encore de la juste horreur qu'ils vous ont inspirée.

LES LÉGUMES ET LES HERBAGES.

Voudriez-vous me suivre pour voir ce qui croît dans le champ voisin ? Je crois que ce sont des navets. En effet, je ne me suis pas trompée. Cette racine, lorsqu'elle est cuite avec du mouton, fait, comme vous le savez, d'excellents ragoûts. On en sème une grande quantité chaque année pour notre table ; on en donne aussi aux vaches pour ménager le foin, et parce que d'ailleurs elle leur fait porter une grande abondance de lait.

Les pommes de terre, les raves, les ognons, les radis, les carottes, les panais, et plusieurs autres légumes que vous connaissez à merveille, croissent, comme les navets, sous terre. D'autres, tels que les artichauts, les fèves, les lentilles et les haricots, croissent au-dessus. Vous en cultivez vous-mêmes dans votre petit jardin, ainsi ce serait plutôt à moi de recevoir vos instructions sur ce chapitre.

Je crois ainsi n'avoir rien à vous apprendre sur les herbages et les plantes qui viennent dans le potager, comme les choux, les choux-fleurs, les asperges, les laitues, la chicorée, les melons, les concombres, les citrouilles, et une infinité d'herbes agréables au goût, et très bonnes pour la santé. Tout cela se cultive sous vos yeux.

LE CHANVRE ET LE LIN.

Voyez-vous là-bas deux grandes pièces de terre couvertes d'une si belle verdure? L'une est du chanvre, et l'autre est du lin. Les tiges de ces plantes, après qu'elles ont été battues et bien préparées, forment la filasse que vous avez vu filer à la vieille Suzon. Le fil de chanvre sert à faire le linge de corps et de ménage. Le fil de lin, qui est d'une plus belle qualité, se réserve pour la toile de batiste. On l'emploie aussi pour faire de la dentelle et du filet. Votre fourreau, Charlotte, votre chemise et vos manchettes, Henri, croissaient autrefois dans les champs.

J'oubliais de vous dire que la filasse de chanvre sert encore pour toute espèce de câbles, de cordes et ficelles.

On a essayé, en quelques endroits, de tirer parti de ces vilaines orties qui piquent si bien les passants, et l'on en a fait un fil grossier, mais très fort, qui pourrait servir à faire des toiles communes.

LE COTON.

A défaut de ces plantes, on cultive le coton dans quelques îles de l'Amérique, et surtout dans les grandes Indes. C'est d'abord un duvet léger qui entoure les graines d'un arbre appelé arbre à coton. Le fruit qui les renferme en plusieurs petites loges est à peu près de la grosseur d'une noix, et s'ouvre en mûrissant. Alors on le recueille, et le coton, séparé des graines et du fruit, devient, après quelques préparations, cette espèce de filasse douce et blanche dont vous m'avez vu mettre quelquefois de petits tampons dans mes oreilles et dans mon écrin. La partie la plus grossière se file en gros brins pour les mèches de nos bougies. Le reste, filé en brins presque aussi déliés que vos cheveux, s'emploie pour la fabrication des mousselines et des toiles de coton.

Vous voyez, mes chers amis, quelle variété de matériaux nous a fournis la Providence, et comme le génie de l'homme a su les employer à des objets d'agrément ou d'utilité. L'écorce même des arbres, par un travail et une adresse incroyable, se convertit en étoffes précieuses sous les doigts de ces sauvages qui nous paraissent si ignorants. Je me souviens de vous avoir montré des ouvrages en plumes et en réseau dont ils se parent dans toutes leurs grandes fêtes, comme nous avons admiré leur patience et la légèreté de leur travail.

LES HAIES.

Ne sentez-vous pas une odeur bien douce? Regardez à travers la haie, Henri, et voyez si vous pourrez découvrir ce qui la produit. Ah! Charlotte, quelles jolies roses sauvages votre frère vient de cueillir! Comment donc? un brin d'aubépine aussi! Ce brin est bien précieux! C'est peut-être le seul qu'on pourrait trouver, car tout le reste a passé fleur. Quel charme, au printemps, de respirer des parfums délicieux jusque sur les buissons et sur les ronces! Ces plaisirs viennent de passer pour nous; mais ceux des petits oiseaux vont commencer. Ils trouveront bientôt dans ces broussailles des fruits pour se nourrir jusqu'au milieu de l'hiver.

Le fermier plante des haies autour de son domaine
pour empêcher les voyageurs et les animaux d'aller
au travers de ses champs, où ils pourraient causer
beaucoup de dommage. Elles lui servent aussi à distinguer sa terre de celle de son voisin. Les troupeaux
y trouvent dans l'été un ombrage contre les ardeurs
du vent du midi, et dans l'hiver un abri contre le
souffle glacé du vent du nord.

LES ARBRES DE HAUTE FUTAIE.

Le beau chêne que voilà, mes amis! comme son
ombrage s'étend à propos pour nous garantir des
traits du soleil! Voyez quel nombre infini de glands
attachés à ses branches! Vous savez bien quel est l'a-
nimal qui se régale de ce fruit! Mais ne pensez pas
que le chêne majestueux ne soit bon à autre chose
qu'à lui fournir des provisions. Il est d'un plus grand
usage pour nous, ainsi que je vous le dirai tout à
l'heure. Mais laissez-moi d'abord contempler un moment cet arbre superbe; je ne puis me rassasier de le
voir. Avec quelle fierté sa tête s'élève dans les airs!
Et sa tige! trois hommes, en se tenant par la main, ne
sauraient l'embrasser. Il pousse chaque année des
milliers de rameaux et des millions de feuilles. Il a
de grandes racines qui s'enfoncent bien avant dans
la terre, et qui s'étendent au loin autour de lui. Elles
le soutiennent contre les violentes tempêtes que son
front est obligé d'essuyer. C'est aussi par ses racines
que la terre le nourrit, et entretient la fraîcheur et
la vie dans tous ses membres énormes.

Eh bien! Henri, n'est-ce pas une chose bien admirable que ce grand arbre soit sorti d'une petite semence? Regardez, en voici un tout jeune. Il est si

petit, Charlotte, que vous aurez la force de l'arracher vous même. Tenez, voyez-vous? voilà le gland encore attaché à sa racine. C'est pourtant ainsi que sont venus tous les arbres qui peuplent cette belle forêt que nous traversâmes l'autre jour dans notre voyage. Ce chêne seul, si tous ses glands avaient été recueillis chaque année, et plantés avec soin, aurait déjà pu suffire à couvrir de ses petits-enfants la face entière de la terre.

Lorsque le chêne ou les autres arbres qu'on appelle aussi de haute futaie, tels que le frêne, l'orme, le hêtre, le sapin, le châtaignier, le noyer, etc., seront parvenus au terme de leur croissance, un bûcheron viendra les couper par le pied avec sa cognée. On dépouillera le tronc de ses branches, et les scieurs le scieront en différents morceaux, pour en faire des madriers propres à la construction des vaisseaux, des poutres pour les maisons, ou des planches pour les uns et les autres, ainsi que pour différentes sortes de meubles et de machines. Des grosses branches, les plus droites seront pour les solives; celles qui sont crochues, pour les bûches; les branchages, pour les fagots; enfin les racines donneront les souches que l'on brûle dans nos foyers.

Vous voyez par là de quelle utilité les arbres sont pour nous dans toutes leurs parties. Le pauvre Henri les trouverait bien à dire, car les toupies, les sabots, les battoirs, sont tirés de leur sein. Il n'est pas même jusqu'à leur écorce dont on sait faire un usage utile pour les teintures, et pour tanner le cuir de vos souliers.

Un autre avantage de ces arbres, c'est qu'ils croissent d'eux-mêmes, sans demander aucun soin, et qu'ils nous donnent pour rien l'aspect de leur belle verdure et la fraîcheur de leur ombrage. Voyez comme les petits oiseaux se reposent en chantant sur leurs branches! combien ils doivent être contents, la nuit, de trouver un abri sous leurs feuilles! Nous-mêmes, si une pluie abondante venait à tomber, ne serions-nous pas bien heureux de nous y mettre à couvert! pourvu cependant qu'il n'y eût pas d'apparence d'orage; car dans les orages les arbres attirent quelquefois le tonnerre : ce qui rend dans ce cas leur approche très dangereuse.

Lorsqu'il y a plusieurs arbres rassemblés sur une vaste étendue de terrain, cet endroit s'appelle bois ou forêt. Si cet endroit est fermé de murailles et dépend d'un château, on l'appelle parc. Les bosquets ou bocages sont de petites forêts.

LES BOIS TAILLIS.

Ces mêmes arbres dont nous venons de parler, lorsqu'on les coupe avant qu'ils soient parvenus à leur hauteur naturelle, forment ce qu'on appelle un bois taillis. Ce sont ordinairement les rejetons qui poussent sur les vieilles racines dans une forêt que l'on vient d'abattre. On les coupe après cinq ou sept ans les uns pour le chauffage, les autres pour servir d'échalas à la vigne, ou pour faire les cercles des cuves et des tonneaux. Cette récolte, qui peut se faire de en cinq ans, s'appelle coupe réglée.

LE VERGER.

Outre ces arbres, il en est d'autres nommés arbres fruitiers. Je parierais avec confiance que nous aurons plus de plaisir encore à nous en entretenir. Entrons dans le verger.

Voilà les fruits qui grossissent. Ce serait vous faire injure que de vouloir vous les faire connaître. Si petits que vous soyez, je pense que personne au monde ne distingue mieux que vous les poires, les pommes, les pêches, les cerises, les prunes, les abricots et les brugnons. Les arbres étendus en éventail contre la muraille s'appellent, comme vous le savez, espaliers, et les autres, arbres à plein vent. Les premiers rapportent plus sûrement, et de plus beaux fruits, parce que, dans les gelées, on peut les couvrir avec des nattes de paille, et que la muraille, échauffée par le soleil, avance leur maturité. Les seconds passent pour avoir leur fruit d'un goût plus fin et plus délicat. Ne souhaiteriez-vous pas, Henri, qu'il fût déjà mûr ? Patience ; il le sera bientôt, et vous en mangerez tant qu'il vous plaira dans le temps. Mais gardez-vous bien d'y toucher tant qu'il est vert ; car il vous rendrait malade peut-être pour toute l'année.

Vous vous rappelez, mes chers amis, combien les arbres à fruits paraissaient beaux, il y a trois semaines, lorsqu'ils étaient en pleine fleur ? Les fleurs croissent à la place. Ils deviendront plus gros de jour en jour, jusqu'à ce que la chaleur du soleil les colore et les mûrisse ; et alors ils seront bons à cueillir.

Les pommes et les poires peuvent se garder dans leur état naturel pendant tout l'hiver ; mais les autres fruits tournent bientôt en pourriture, et il faudrait renoncer à en manger après leur saison si l'on n'avait trouvé le moyen de les conserver en les faisant sécher au four ou en les faisant bouillir avec un sirop composé d'eau et de sucre. C'est de cette dernière façon que l'on fait les marmelades et les gelées, qu'on trouve si bonnes dans l'hiver, et surtout dans les maladies.

Il y a quelques fruits renfermés en de dures coquilles, comme les noix, les amandes, les noisettes, les châtaignes, etc. Vous les connaissez aussi bien que les arbres qui les portent, mais vous ne connaissez pas un autre arbre de la même espèce, parce qu'il ne vient pas dans ce pays : c'est le cocotier. Il est très haut et fort droit, sans branches ni feuillages autour de sa tige. Seulement vers le sommet il pousse une douzaine de feuilles très larges, dont les Indiens se servent pour couvrir leurs maisons, pour faire des nattes et pour d'autres usages. Entre les feuilles et l'extrémité de sa pointe il sort quelques rameaux de la grosseur de mon bras, auxquels on fait une incision, et qui répandent par cette blessure une liqueur très agréable dont on fait l'arack. Ces rameaux portent une grosse grappe ou paquet de cocos, au nombre de dix à douze.

Cet arbre rapporte trois fois l'année, et son fruit, dont vous avez goûté l'autre jour, est aussi gros que la tête d'un homme. Il en est dont le fruit n'est pas plus gros que votre poing, et qui sert, entre autres usages, à faire des cuillers à punch.

Il y a aussi une espèce d'amande appelée cacao, qui vient dans les Indes occidentales et au midi de l'Amérique. L'arbre qui la produit ressemble un peu à notre cerisier. Chaque cosse renferme une vingtaine de ces amandes, de la grosseur d'une fève, dont on fait le chocolat, avec d'autres ingrédients. Le meilleur cacao nous vient de Caraque, dont il porte le nom.

LES PÉPINIÈRES ET LA GREFFE.

Les arbres ont généralement trois manières de se reproduire : par les graines, pepins ou noyaux cachés dans l'intérieur de leur fruit, par les petits rejetons pris sur leurs vieilles racines, ou par les boutures coupées de leurs branches, et plantées en terre pour s'y enraciner.

L'endroit où l'on rassemble ces élèves, la douce espérance du jardin s'appelle pépinière. C'est comme un collége pour les enfans des arbres, où l'on veille sur leur croissance, et où l'on s'étudie à les préserver de mauvais penchants.

Les jeunes arbres, qu'on nomme sauvageons, ne porteraient que de mauvais fruits, si l'on n'avait soin de les greffer. Voici comment on s'y prend : on coupe d'abord le haut de la tige, pour les empêcher de s'élever davantage; puis un peu au dessous, des deux côtés, on fait une petite incision à l'écorce, et dans cette ouverture on glisse un bourgeon pris d'un autre arbre, avec une petite partie de son écorce pour remplir le vide qu'on a fait dans celle du sauvageon. On les lie étroitement ensemble, et l'on recouvre la blessure de mousse, pour empêcher l'air d'y pénétrer. Le bourgeon, recevant sa nourriture de l'arbre, s'unit avec lui, et il pousse bientôt des branches qui, s'étendant de tous côtés, forment la tête de l'arbre, et portent des fruits exquis.

Cette opération, l'une des plus curieuses du jardinage, se varie de plusieurs manières. J'aurai soin de parler à Mathurin, pour le prier de la faire en votre présence.

LES FLEURS.

Charlotte, si vous n'êtes pas fatiguée, nous irons voir nos fleurs. Pour Henri, c'est un homme, il lui siérait mal de se plaindre. Je pense même qu'il serait en état de se tenir sur ses pieds du matin au soir. Venez, Monsieur, prenez la clef du jardin, et ouvrez la porte. Voici, je crois, l'endroit le plus agréable que nous ayons jamais vu.

Quel est l'objet qui va d'abord captiver nos regards. Que sais-je ? il se trouve ici une si grande variété de beautés, que l'on hésite à laquelle donner la préférence. Vous admirez les fleurs des champs : mais celles-ci les surpassent encore.

Regardez ces tulipes, ces giroflées, ces œillets, ces jonquilles, ces jacinthes et ces renoncules. La blancheur de ces lis ou de cette tubéreuse efface celle de la plus belle batiste. Prenez la plus petite fleur : en la regardant de près, vous la trouverez aussi jolie et aussi curieuse que les plus grandes. N'oublions pas surtout la modeste violette, la première fille du printemps. Charlotte, cueillez-moi, je vous prie, une de ces roses à cent feuilles. C'est bien avec raison que pour son doux parfum et sa couleur brillante on la nomme la reine des fleurs. Joignez-y quelques brins de lilas, de jasmin, de muguet et de chèvrefeuille. Quel agréable mélange de douces odeurs dans un si petit bouquet ! Je ne vous permettrai pas d'en cueillir davantage ; ce serait une pitié de les gâter. Le jardinier nous en a apporté ce matin pour parer notre appartement. Elles se conserveront par la fraîcheur de l'eau qui baigne leurs tiges, au lieu que la chaleur de vos mains les aurait bientôt fanées.

Avez-vous pris garde que chaque fleur a des feuilles différentes de celles des autres; que quelques-unes sont bigarrées de toutes les couleurs que vous pouvez nommer, et découpées en festons les plus délicats? En un mot, leurs beautés sont trop multipliées pour qu'on puisse vous les compter. Quand vous serez en état de lire les ouvrages d'histoire naturelle, vous serez étonnés de ce qu'elles offrent d'admirable. Mais vous êtes trop jeunes pour pouvoir comprendre ces livres à présent. Cependant je ne dois pas omettre de vous dire que toutes les fleurs viennent ou de graines ou d'ognons, ou de petites racines détachées des grandes, ce qu'on appelle marcottes.

Aucune de celles qui croissent ici ne viendrait à l'aventure dans les champs, parce que la terre n'est pas assez riche pour elles. Il faut prendre beaucoup de peine pour les faire venir, même dans un jardin. Il faut surtout qu'on n'oublie pas de les arroser chaque jour. La terre et l'eau sont pour les fleurs ce que la viande et le vin sont pour les hommes. Mais comme elles sont muettes et attachées à une place, elles ne peuvent aller chercher des rafraîchissements, ni les demander. Le Créateur a pourvu à leurs besoins par les douces ondées du printemps, ou le jardinier qui est instruit répand sur elles, avec un arrosoir, une pluie bienfaisante.

On élève plusieurs plantes curieuses dans des serres chaudes. Elles ne croîtraient pas en plein air dans ce pays, parce qu'elles sont transplantées de pays étrangers où il fait beaucoup plus chaud. Quoique vous soyez d'une constitution plus robuste que les fleurs, si vous étiez obligés d'aller dans un pays où le froid est beaucoup plus vif que dans celui-ci, vous ne seriez pas en état de le supporter comme ceux qui sont nés sous ces climats.

III

LES CARRIÈRES.

De ce que je viens de vous dire, mes chers amis, vous devez conclure qu'il y a une grande variété dans ce qui croît sur la terre; mais quelle serait votre admiration si vous connaissiez tout ce qu'elle renferme au-dessous ? C'est de son sein qu'on a tiré les grès qui pavent nos rues et nos grands chemins, et ce joli gravier d'un jaune rougeâtre répandu sur les allées pour en bannir l'humidité, et faire un contraste agréable avec le vert tendre de la charmille. La porcelaine et la faïence de notre buffet ; la poterie commune, d'un si grand usage dans la cuisine ; les briques dont nos appartements sont carrelés ; les tuiles qui couvrent nos toits ; tout cela n'est que de la terre, d'une pâte plus ou moins fine, pétrie et cuite au four. Nos verres et nos bouteilles, les vitrages de nos fenêtres, sont du sable fondu. Vous avez vu quelquefois dans vos promenades bâtir des maisons ? Eh bien ! la chaux, le mortier, le plâtre, le ciment qu'on a mis entre les pierres pour les lier ensemble et les affermir, venaient du sein de la terre ; ces pierres elles-mêmes, entassées les unes sur les autres jusqu'à une si grande élévation au-dessus de nos têtes, étaient ensevelies à de grandes profondeurs sous nos pieds. Il en est de même du marbre qui pare nos consoles et nos cheminées, et de l'ardoise qui couvre nos pavillons. Les endroits creusés pour en retirer ces divers matériaux se nomment carrières.

MINES DE CHARBON ET DE SEL.

Il est des pays où, en creusant à de certaines profondeurs, on trouve dans une espèce de carrière appelée mine le charbon de terre que vous avez vu souvent à la porte du serrurier voisin. Il est d'un usage général, non-seulement pour les forges, mais il sert dans presque toute la France, ainsi que dans des royaumes entiers, à faire le feu de la cuisine et celui des appartements.

Le charbon de bois ne vient point dans la terre; mais il s'y fait dans de grandes fosses, où l'on jette du bois pour le faire brûler. Lorsqu'il est bien enflammé, on le couvre afin de l'éteindre, avant qu'il soit au point de se réduire en cendres.

Il est aussi des mines de différentes espèces de sel, qu'il est utile de vous nommer encore. Je ne vous parlerai que du sel commun. En quelques endroits le sel de ces mines est si dur qu'on peut le tailler comme le marbre et en faire des statues. Ce qu'il y a de singulier, c'est que le feu le fait fondre encore plus vite que l'eau. Le sel nous vient plus communément de l'eau de mer qu'on fait entrer dans une espèce de bassin peu profond, et qu'on laisse évaporer au soleil. Quand l'eau est toute évaporée, le sel reste en croûte dans ces bassins, qu'on appelle salines.

MINES ET MÉTAUX.

Je ne vous ai pas dit la moitié des richesses qui se trouvent dans les entrailles de la terre : on en tire l'or, l'argent, le cuivre, le fer, le plomb et l'étain. C'est ce qu'on appelle métaux.

Regardez ma montre ; elle est d'or ainsi que les louis, les doubles louis et les demi-louis. On peut battre l'or et l'étendre en feuilles plus minces que le papier. L'espagnolette de mes croisées, les sculptures de mon salon, les chenets de mon foyer ne sont pas d'or, quoique vous ayez pu l'imaginer ; on n'a fait que les couvrir de ces feuilles d'or légères. L'or est le plus précieux de tous les métaux.

L'argent, quoique inférieur à l'or, est cependant très estimé. Cet écu et ces petites pièces de monnaie sont d'argent. On l'emploie aussi pour les flambeaux, la vaisselle plate et une infinité d'autres ustensiles dont les gens riches font usage. L'argent couvert d'une feuille d'or s'appelle vermeil.

Le cuivre sert à faire les sous, les centimes et toute la basse monnaie. On l'emploie aussi ordinairement pour faire nos poêlons, nos casseroles et nos chaudières. Mais l'usage en serait très dangereux si l'on n'avait pas la précaution de les doubler d'étain en-dedans ; ce qu'on appelle étamer.

Le fer est le métal le plus commun, mais le plus utile. La plupart des instruments dont on se sert pour la culture de la terre et pour les différents métiers sont de fer raffiné et purifié dans la trempe par le mélange de quelques ingrédients. Les couteaux, les rasoirs, les aiguilles, sont d'acier.

Le plomb est aussi d'un très grand usage. Vous savez combien il est pesant. On en fait des réservoirs pour contenir l'eau, des tuyaux pour l'amener des sources, des gouttières pour ramasser la pluie qui dégoutte des toits, la conduire hors de la maison. On en fait aussi des poids pour les balances, les tourne-broches et les horloges.

L'étain est un métal blanchâtre plus mou que l'argent, mais plus dur que le plomb. Il sert à faire des bassins, des écuelles, des assiettes, et des cuillers pour les gens qui n'ont pas moyen d'en avoir d'argent.

Tous ces différents métaux se trouvent en mines dans la terre. On y trouve aussi ce qu'on appelle demi-métaux, tels que le vif-argent, dont on couvre le derrière des miroirs, le zinc, l'antimoine, etc., que l'on mêle avec les métaux, pour en faire des métaux composés, comme le laiton, le bronze, etc.

MINES DE PIERRES PRÉCIEUSES.

C'est encore dans la terre que l'on trouve les pierres précieuses, telles que le diamant, qui est proprement sans couleur, le rubis qui est rouge, l'émeraude qui est verte, le saphir qui est bleu. Je ne vous parle que des principales, parce que le détail en serait trop long. Elles ne paraissent point si brillantes lorsqu'on les tire de la mine. Il faut autant de patience que de travail pour les tailler et les polir. Regardez les diamants de cette bague : vous voyez qu'ils sont taillés à plusieurs facettes : c'est afin que la lumière, se réfléchissant d'un plus grand nombre de points, leur donne plus d'éclat.

Il est une espèce de caillou que l'on taille aussi en

forme de diamant, pour en garnir des boucles et des colliers; mais il est loin d'avoir le même feu. On le reconnaît à sa transparence plus terne. C'est ce qu'on appelle pierres fausses.

Vous voyez, mes amis, qu'il n'est pas une seule chose qui ne puisse servir à satisfaire agréablement notre curiosité lorsqu'on sait l'examiner avec attention. Quelle folie de se plaindre de n'avoir rien pour se divertir, lorsqu'on peut trouver de l'amusement dans tous les objets de la nature! Mais vous êtes fatigués, je pense que vous devez avoir faim, et je crains que notre dîner ne se refroidisse. Ainsi hâtons-nous de gagner la maison. Je vous en ai dit assez pour occuper votre mémoire jusqu'à demain, où je me propose de faire avec vous une autre promenade.

IV

LES BOEUFS.

Bonjour, Charlotte; je ne vous attendais pas de si bonne heure. Je me flatte, par cet empressement, que mes instructions d'hier vous furent agréables. Avez-vous vu Henri ce matin? Allons voir s'il est levé. — Comment, petit paresseux, n'avez-vous pas honte d'être encore au lit? La matinée est charmante. Votre sœur et moi, nous voulons en profiter pour faire une petite promenade. Si vous désirez être de la partie, il n'y a pas de temps à perdre. — Fort bien; vous voilà prêt. Faites votre prière, et partons.

Ne vois-je pas là-bas la laitière qui trait les vaches? Comme ces pauvres animaux paraissent joyeux en paissant dans la verte prairie! J'imagine que l'herbe leur est aussi agréable que les confitures le seraient pour vous. Voyez de quels bons vêtements ils sont pourvus! Comme ils ne peuvent pas s'en faire eux-mêmes, la nature leur en a donné qu'ils portent sur le dos dès leur naissance, et qui grandissent avec eux.

Tous les animaux qui, comme ceux-ci, ont quatre pieds, s'appellent quadrupèdes. Ils ne se tiennent point debout. Cette posture grotesque avec quatre jambes leur serait en même temps incommode, parce que leur nourriture est attachée à la terre, et qu'ils seraient à tout moment obligés de se baisser pour la prendre; ce qui les fatiguerait terriblement. D'un autre côté, s'ils n'avaient que deux jambes, ils ne pourraient guère mouvoir leurs corps, beaucoup plus pesants que les nôtres. Vous voyez de quelle dure corne leurs pieds sont armés. Sans cette chaussure naturelle, ils seraient bientôt déchirés jusqu'au sang. Les grandes cornes pointues qu'ils ont sur la tête leur servent de défense contre ceux qui voudraient les attaquer.

Savez-vous de quelle grande utilité sont pour nous les vaches et les bœufs? je vais vous le dire. Ne courez pas, Henri; voyez comme votre sœur est attentive!

Les vaches, ainsi que vous le voyez, donnent du lait en grande quantité. Il sert à faire de la crème, du beurre et du fromage. On le met pour cela reposer dans de grandes jattes. Quelques heures après, la crème épaissie s'élève au-dessus. On tire cette couche avec de grandes cuillers, et il s'en forme bientôt une seconde que l'on tire de même. Lorsqu'on l'a recueillie, on la met dans une espèce de petit tonneau, qu'on appelle baratte, et on la remue fortement avec un battoir passé dans le trou du tonneau, jusqu'à ce que, à force de s'épaissir, elle devienne du beurre. Le reste est du lait de beurre, qui est très bon pour les enfants.

Le fromage mou et toutes les autres espèces de fromage se font également avec du lait. Je vous mènerai quelque jour dans la laiterie, pour être témoins de ces différentes préparations.

Remarquez bien ce superbe taureau : c'est le bœuf le plus vigoureux de la troupe, et le père de tous ces petits veaux qui tétaient encore leur mère il y a quelques jours, et qui commencent à présent à paître auprès d'elles.

Mais d'où vient ce nuage de poussière sur le grand chemin? Ah! c'est un troupeau de bœufs qui passe. N'en soyez point effrayée, Charlotte. Remarquez comme ils souffrent patiemment qu'on les pousse à coups d'aiguillon. Un seul homme suffit à les gouverner, tant ils sont dociles! Il les conduit au marché, où les bouchers les attendent pour les acheter. Lorsqu'ils seront tués, leur chair sera vendue à nos cuisinières pour notre dîner, et leurs peaux seront vendues aux tanneurs, qui en feront du cuir nécessaire aux cordonniers pour les souliers et les bottes, et aux selliers pour les selles, les brides et les harnais. Leurs cornes mêmes ne seront pas inutiles. On en fera des lanternes.

Il est des pays où les bœufs n'ont rien à faire qu'à s'engraisser paisiblement, pour être conduits ensuite à la boucherie. En d'autres endroits, leur vie est aussi laborieuse que celle du cheval. On ne monte pas, il est vrai, sur leur dos; mais on en joint deux ensemble de front, on leur attache autour des cornes, avec de fortes courroies, le timon d'une charrette ou d'un traîneau, ou le joug d'une charrue, et on les voit tirer avec force les fardeaux les plus lourds, et labourer profondément la terre la plus dure.

LES BREBIS.

Regardez ces innocentes brebis, avec ce fier bélier à leur tête, et ces jolis agneaux à leurs côtés. Quelle paisible famille! Douces créatures, vous êtes pourvue de bons habits. Ils vous seront d'un grand secours dans l'hiver et dans les nuits fraîches, où vous êtes obligées de coucher à la belle étoile, au milieu des champs. Mais ils vous donneraient trop de chaleur dans l'été. Eh bien! ne craignez pas, on trouvera le moyen de vous en débarrasser sans vous faire souffrir. Aussitôt que les chaleurs étouffantes seront venues, le fermier vous réunira toutes ensemble dans la prairie. Alors de jeunes bergères viendront, avec de larges ciseaux, vous délivrer adroitement du poids incommode de votre toison. Vous sortirez de leurs mains plus légères, et vous courrez sautant et bondissant comme de petits garçons qui ôtent leurs habits pour jouer dans la campagne.

La laine des brebis et des moutons est très précieuse. On la vend aux cardeurs, qui la dégraissent, et les pauvres femmes, qui vivent dans les chaumières, la filent. N'avez-vous pas vu l'honnête Gothon, assise devant la porte, chanter de vieilles romances en tournant son rouet, heureuse de penser qu'on la paierait assez bien pour l'empêcher de demander l'aumône, et la mettre à l'abri du besoin?

Lorsque la laine est filée, puis tordue, les bonnetiers en font des bonnets ou des bas, et les tisserands en font des étoffes pour nos vêtements, ou des couvertures pour nos lits dans l'hiver.

Les pauvres moutons ne seraient pas si fringants s'ils savaient qu'ils doivent être, comme les bœufs, vendus au boucher. Ne pensez-vous pas qu'il est cruel de tuer ces innocentes créatures? En effet, mes enfants, c'est une pitié. Mais si l'on n'en tuait pas quelques-uns, il y en aurait bientôt un si grand nombre qu'ils ne sauraient trouver assez d'herbages pour subsister, et que plusieurs par conséquent seraient réduits à mourir de faim. Du moins, tant qu'ils vivent, ils sont aussi heureux qu'ils peuvent l'être. Ils ont de belles pâtures pour s'y nourrir et jouer. En marchant à la boucherie ils ne savent pas encore ce qu'on va leur faire. Lorsqu'on leur coupe la gorge ils ne sont pas longtemps à mourir, et en expirant ils n'ont pas le chagrin de laisser après eux des parents qui s'affligent ou qui souffrent de leur perte.

Nous sommes obligés de les tuer pour soutenir notre vie, mais nous ne devons jamais être cruels envers eux tant qu'ils sont vivants.

La peau de mouton sert à faire le parchemin qui couvre votre tambour, Henri, et la basane qui couvre votre livre, Charlotte.

LE CHEVAL.

On conduit aussi les chevaux au marché pour les vendre, non pas aux bouchers, mais aux maquignons, qui les dressent. Leur chair n'est bonne à rien; elle ne sert qu'à rassasier les loups et les corbeaux. Le cheval est une noble créature.

En voilà un de selle. Voyez comme il se dresse et comme il bondit, maintenant qu'il est en liberté. Mais quoiqu'il soit très vigoureux, qu'il puisse renverser celui qui le monte en s'élevant sur ses pieds de derrière, et le tuer d'une ruade, il est si doux qu'il se laisse monter et guider où l'on veut. Son corps étant moins lourd que celui du bœuf, il a les jambes plus menues, en sorte qu'il se meut plus légèrement; et sa croupe étant moins large, un homme peut l'embrasser entre ses genoux. Il a aussi de la corne aux pieds; mais comme il est grand voyageur, elle serait bientôt usée, si l'on n'avait le soin de lui donner des souliers de fer pour empêcher qu'elle ne se brise. C'est le maréchal qui fait sa chaussure, et qui la lui attache avec des clous. Cette opération, faite avec adresse, ne lui cause aucune douleur.

Ne souhaiteriez-vous pas, Henri, de savoir monter à cheval? Lorsque vous serez plus grand, on vous apprendra cet utile exercice. Mais gardez-vous bien de l'essayer avant d'en avoir reçu des leçons! cette épreuve pourrait vous coûter la vie.

Il y avait un petit garçon de ma connaissance qui brûlait d'envie de monter à cheval, et qui n'eut pas la patience d'attendre que son papa lui eût acheté un joli petit bidet proportionné à sa taille. Il vit un jour le cheval du domestique attaché à la porte, le voilà qui détache la bride, grimpe sur la selle, et donne à son coursier un grand coup de baguette. Le cheval part aussitôt au galop, et l'emporte avec tant de vitesse que le pauvre malheureux, incapable de retenir la bride et d'atteindre jusqu'aux étriers, perdit bientôt la selle, et fut renversé contre une pierre qui lui fracassa tout le crâne. Le cheval n'était pourtant point vicieux lorsqu'il avait un cavalier habile sur son dos; tout le mal venait de ce que le petit insensé ne savait pas le conduire.

Ces deux grands chevaux rebondis, d'une taille haute et d'une superbe encolure, sont destinés pour le carrosse. Ils sont plus forts, mais moins légers que l'autre. Ceux-ci, avec leurs jambes velues et leur crin négligé, sont des chevaux de charrette. Il y a une autre espèce de chevaux très fins et très légers : ils portent leurs maîtres à la chasse, ou sont réservés pour les courses; mais ils sont très coûteux à entretenir.

Nous ne saurions faire à pied un long voyage, parce que nos jambes seraient bientôt fatiguées; au lieu que sur le dos d'un cheval nous pouvons parcourir bien des lieues, et voir nos amis qui vivent à une certaine distance de notre maison. Il est aussi agréable d'aller en voiture, vous le savez bien : mais ces plaisirs, nous ne pourrions pas nous les procurer sans les chevaux. Comment nous passer aussi de leur secours dans une infinité d'autres circonstances! Il serait excessivement pénible pour les hommes les plus vigoureux de faire ce que les chevaux ordinaires font avec facilité. Le pauvre laboureur qui suit tout le long du jour sa charrue, est bien fatigué le soir, lorsqu'il rentre dans sa chaumière. Que serait-ce donc s'il était obligé de la traîner lui même à travers son champ, sur la terre dure et raboteuse? Comment les voituriers seraient-ils en état de tirer ces grands fourgons et ces lourdes charrettes qu'ils conduisent, s'ils n'y employaient la force des chevaux? Puisqu'ils nous rendent de si grands services, ne devons-nous pas les bien traiter? Je crois que le moins que nous puissions faire est de leur donner dans le jour une bonne nourriture, et une écurie bien close la nuit.

Gardons-nous bien d'imiter ces personnes barbares, qui les poussent trop rudement à la course, qui leur donnent des coups de fouet et d'éperon, jusqu'à ce qu'ils soient près de mourir. Cependant de pareilles cruautés sont exercées chaque jour. Souvenez-vous bien, Henri, qu'il est également cruel et insensé d'agir de cette manière.

L'ANE.

Voilà un pauvre âne. Il fait une figure bien triste auprès d'une aussi belle créature que le cheval. Ne le méprisez pourtant pas à cause de sa mine : il a un grand mérite, je vous assure. Il est aussi patient qu'officieux, et il n'en coûte que bien peu pour le nourrir. Il se contente de quelques chardons qu'il broute le long des chemins, ou même de quelques feuilles sèches et d'un peu de son. Il ne demande ni écurie pour le loger, ni palefrenier pour le panser ; en sorte que les pauvres gens qui ne sont pas en état de nourrir un cheval peuvent avoir un âne. Il tirera fort bien sa petite charrette, ou portera sa paire de paniers. Il ne dédaignera pas même de prêter son dos à un ramoneur. N'avez-vous pas vu de ces petits Savoyards aux dents blanches et à la face noircie, grimpés sur un âne avec des sacs de suie qu'ils portent aux teinturiers?

Je ne dois pas oublier de vous dire que le lait d'ânesse est un des meilleurs remèdes pour les maladies de poitrine. J'ai vu des personnes si faibles qu'on les croyait condamnées à mourir, reprendre à vue d'œil leur santé pour en avoir bu le matin pendant quelque temps. Ne serait-il pas affreux de traiter avec inhumanité des animaux si utiles? Je ne pardonnerai, je crois, de ma vie, à un petit polisson que j'ai vu tourmenter une de ces pauvres créatures de la manière la plus cruelle.

LE CHIEN.

Laissez-moi regarder à ma montre. Ho! ho! huit heures passées. Il est temps de retourner à la maison pour déjeuner. Voilà Champagne qui venait nous avertir. Médor est avec lui. Vous êtes bien content de nous trouver, n'est-ce pas, Médor? Nous sommes aussi bien aises de vous voir, je vous assure. Vous êtes un brave et fidèle compagnon. Voyez comme il remue sa queue, et comme il fretille! il nous regarde d'un air si joyeux que l'on croirait démêler un sourire sur sa physionomie. Dans le temps où nous sommes au lit et profondément endormis, Médor fait sentinelle, et ne permet pas aux voleurs d'approcher de la maison. Lorsque votre papa est à la chasse, Médor court d'un côté et d'autre à travers les champs et fait lever le gibier, pour que votre papa le tue. Quoiqu'il soit très courageux, et qu'il exposât sa vie pour son maître si l'on osait l'attaquer, il est d'un si bon naturel qu'il laisse les petits enfants jouer avec lui sans les mordre, pourvu cependant qu'ils ne lui fassent pas de mal.

Le brave Médor ne demande d'autre récompense de ses services que de petites caresses, une légère nourriture, et la permission de nous accompagner quelquefois dans nos promenades. Il mérite bien notre attachement par celui qu'il nous témoigne; aussi le chien a-t-il été de tout temps le symbole de la fidélité.

LE CERF.

Voulez-vous traverser le petit parc en retournant à la maison? J'en ai heureusement la clef. Voyez, Henri, ce beau cerf, avec ces cornes rameuses! N'admirez-vous pas sa taille légère avec son air noble et fier! Voyez là-bas ces petits faons qui bondissent! Si leste que vous soyez, je parie que vous ne pourriez jamais cabrioler comme eux.

Cette espèce d'animaux n'est entretenue que par ceux qui ont des parcs fermés de hautes murailles. Ils aiment trop l'indépendance pour s'arrêter dans les champs comme les vaches et les brebis.

Les grands seigneurs prennent souvent plaisir à chasser le cerf. Ils le lâchent hors du parc, et détachent à ses trousses une meute nombreuse de chiens.

Leurs aboiements furieux, les cris et le son du cor des piqueurs qui les guident, le saisissent d'une telle épouvante qu'il se sauve devant eux de toute la vitesse de ses jambes agiles. Les chasseurs, montés sur des chevaux dressés à cet exercice, se mêlent aussi à la poursuite; ils sont si animés dans leur course qu'ils sautent au-dessus des haies et à travers les fossés pour l'atteindre. Il les conduit quelquefois dans un circuit immense; mais enfin ses jambes fatiguées refusent de le porter au loin. On le voit haletant de lassitude et de frayeur s'arrêter tout-à-coup et menacer de ses cornes les chiens dont il est assailli. Après un long combat, ceux-ci le saisissent, le déchirent, jusqu'à ce qu'il meure.

Je suppose qu'il y a du plaisir à le suivre et à voir la légèreté de sa course, mais je pense qu'il faudrait laisser la pauvre créature dans sa demeure, pour la dédommager de la terreur qu'elle doit avoir éprouvée, et la payer de l'amusement qu'elle a procuré aux chasseurs.

Ces mêmes personnes s'amusent aussi quelquefois à chasser le lièvre. Elles vont dans les champs avec leurs chiens, qui découvrent bientôt son gîte, quelque adroit qu'il soit à se cacher. Lorsqu'il se voit en danger d'être saisi, il s'élance et court avec toute la légèreté dont il est pourvu, pratiquant dans sa fuite plusieurs ruses pour se sauver. Mais toutes ces ruses sont inutiles. Il succombe enfin d'épuisement, et subit le même sort que le cerf, ou périt sous les traits du chasseur.

Je ne sais quel est le plaisir de la chasse, Henri, mais je souffrirais tant pour la pauvre bête effarouchée, que ce sentiment détruirait toute ma jouissance. Il me semble que j'aurais encore plus de joie d'en sauver un de sa détresse.

Maintenant, allons prendre notre déjeuner. Je crois que cette promenade nous le fera trouver bon Il n'est rien comme l'air et l'exercice pour aiguiser vivement l'appétit.

LE CHAT.

Tandis que nous déjeunons, j'ai quelques nouvelles à vous dire, Charlotte. Votre favorite Minette a eu des petits. Ils sont ici dans un panier. Appelez-la pour laper un peu de lait, et alors nous pourrons les regarder à notre aise. Entendez comme ils miaulent, et comme ils tremblottent. Ils ne peuvent pas y voir encore ; mais dans neuf jours leurs yeux seront ouverts ; et alors ils commenceront à faire mille tours de souplesse. Lorsque leur mère leur aura appris à attraper les souris, elle les laissera pourvoir eux-mêmes à leur subsistance ; et au lieu de se donner la moindre inquiétude à leur sujet, elle leur allongera un bon coup de patte sur le museau, s'ils osaient prendre des libertés avec elle, elle sera une bonne mère pour eux aussi longtemps qu'ils auront besoin de ses secours. Ils n'ont pas droit de prétendre qu'elle leur attrape des souris pendant toute leur vie lorsqu'ils seront aussi adroits qu'elle à la chasse.

Les souris sont de jolies petites créatures ; mais elles font beaucoup de dommage, aussi bien que les rats. Si nous n'avions pas de chats pour les détruire, nous en serions bientôt désolés.

LE LION.

Le lion est généralement reconnu comme le roi des animaux. Cette suprématie date de ces temps où la force, le courage et les moyens de répandre au loin la terreur et l'effroi étaient regardés comme les qualités par excellence. Si, comme cela devrait être, l'on eût donné la palme à la douceur, à l'intelligence, la souveraineté des forêts appartiendrait de plein droit à l'éléphant, dont l'instinct s'approche de la raison.

Cependant on ne peut disconvenir que, de tous les quadrupèdes carnassiers, le lion, par sa construction et par ses mœurs, a les plus justes droits à la dignité qu'on s'est plu de lui accorder. Il n'est pas, comme beaucoup d'autres individus de son espèce, avide de carnage, il est sobre, généreux, et même susceptible d'attachement.

Le lion est originaire de l'Afrique et de l'Asie. Il a quelquefois de six à neuf pieds de long, mais le plus souvent il ne dépasse pas la moitié de cette longueur.

Il pousse très loin sa carrière ; on connaît des lions qui ont vécu près de soixante et dix ans.

Il a l'air imposant, le regard fier, la démarche noble, une voix terrible : il offre dans tout son ensemble une admirable et savante proportion. Sa force est telle que d'un seul coup de pied il brise les reins du cheval, et qu'il terrasse l'homme le plus robuste d'un coup de queue, son agilité ne le cède en rien à sa vigueur.

Sa large tête est ombragée d'une épaisse crinière ; ses yeux sont étincelants, farouches, et sa langue est armée de pointes qui ressemblent aux griffes du chat. Le poil de la partie postérieure de son corps est court et soyeux ; sa couleur est, en général, d'un jaune pâle sur un fond blanc.

Le rugissement du lion a un tel éclat que, lorsque dans la nuit il résonne au milieu des montagnes, il ressemble à un tonnerre qui gronde dans le lointain. Ce rugissement est un frémissement creux et profond : dans ses accès de rage, il a un autre cri non moins effrayant, mais court, coupé et réitéré, qu'il fait toujours entendre quand il trouve de la résistance. Rien n'est plus terrible que le lion lorsqu'il rassemble toutes ses armes pour le combat. Il se bat les flancs de sa longue queue, sa crinière se dresse, se hérisse et enveloppe entièrement sa tête ; tous ses muscles sont en mouvement, ses énormes sourcils ne couvrent qu'à demi sa prunelle étincelante, il découvre ses dents et sa langue redoutable, et il allonge ses griffes qui ont presque la longueur du doigt. Ainsi préparé à la guerre, son approche glacerait d'effroi le plus hardi des hommes. A l'exception de l'éléphant, du rhinocéros, du tigre et de l'hippopotame, aucun autre animal n'oserait se mesurer avec lui, et lui disputer l'empire absolu de la forêt.

La lionne est, dans toutes ses dimensions, près d'un tiers au-dessous du lion, et n'est pas comme lui parée d'une crinière. Quoique moins forte, et en général moins farouche que le lion, elle le surpasse en férocité quand il s'agit de pourvoir à la subsistance de sa jeune famille. Sa portée est de cinq mois : elle met ordinairement bas dans les endroits les plus écartés ; dans la crainte que l'on ne découvre sa retraite, elle fait disparaître ses traces en balayant le sol de sa queue. Dans un danger pressant, elle change de demeure. Si on l'arrête, elle défend ses jeunes avec un courage déterminé, et combat jusqu'à la dernière extrémité. Les jeunes, ordinairement au nombre de cinq, au moment de leur naissance sont de la taille d'un petit chien ; ils sont doux, mignons et folâtres. La mère les nourrit pendant douze mois, et ils n'ont pris leur entière croissance qu'au bout de cinq ans. Dans l'état de captivité, la lionne ne produit jamais plus de deux lionceaux à la fois.

LE TIGRE.

Si la beauté seule donnait la supériorité, le tigre, que les anciens considéraient comme le paon des quadrupèdes, jouirait incontestablement du premier rang parmi les grands animaux. Mais cette beauté fait son seul mérite ; et quand on a parlé de ses couleurs éclatantes, de sa souplesse, de son agilité, il ne reste plus rien à dire en sa faveur.

Il est plus grand que le lion, qu'il ne craint pas d'attaquer ; mais il n'a aucune des nobles qualités de son rival. Il se plaît dans le carnage, et semble ne tuer que pour le plaisir de verser du sang. Il est d'une telle vigueur qu'il emporte un cheval ou un buffle, sans que la rapidité de sa course paraisse se ressentir d'un tel poids. On l'a même vu enlever d'une fondrière un buffle que plusieurs hommes réunis n'avaient pu seulement soulever.

La manière dont il attaque sa proie consiste ordinairement à se cacher et à s'élancer soudainement sur sa victime. L'on prétend que s'il manque son coup, ou s'il rencontre quelque obstacle inattendu, il se retire sans faire un nouvel essai.

Il exprime son ressentiment de la même manière que le lion : faisant mouvoir la peau de sa face, grinçant les dents, et criant dans tous les tons les plus effroyables. Sa voix diffère cependant de celle du lion ; c'est plutôt un cri qu'un rugissement : on le dit affreux lorsqu'il s'élance sur sa proie.

La femelle produit quatre ou cinq jeunes à la fois ; si on les lui enlève, elle poursuit les ravisseurs avec une rage inconcevable. Ceux-ci, pour en sauver une partie, lui en lâchent ordinairement un qu'elle emporte précipitamment dans son antre, puis revient à leur poursuite ; ils lui en lâchent alors un second ; et tandis qu'elle se sauve avec lui, ils parviennent ordinairement à s'échapper avec le reste.

Les îles marécageuses de l'Inde et du Gange renferment un grand nombre de tigres ; ils sont fort communs sur les bords de l'Arabie et dans quelques autres parties de l'Asie orientale. Leur fourrure est très estimée dans tout l'Orient ; elle est moins recherchée en Europe, où on lui préfère celle de la panthère et du léopard.

LA PANTHÈRE.

La panthère ressemble au tigre par ses mœurs, et au léopard par sa robe. Comme le tigre, elle est toujours altérée de sang, et d'une férocité indomptable; comme le léopard, sa robe est mouchetée, mais avec moins d'élégance. La panthère a ordinairement cinq ou six pieds de long, non compris la queue, qui est longue de plus de deux pieds. Son poil est court et velouté; sa robe est d'un jaune clair, élégamment mouchetée de taches blanches disposées en cercles de quatre ou cinq, avec une seule tache dans le centre. Vers la poitrine et sous le ventre, elle est blanche; elle a les oreilles courtes et pointues, les yeux farouches et continuellement agités, un cri fort désagréable, et l'aspect sauvage.

Ses mouvements sont si rapides que peu d'animaux peuvent lui échapper. Elle est d'une telle agilité que les arbres ne sauraient l'arrêter dans la poursuite de sa proie, et qu'elle est pour ainsi dire sûre de s'emparer de sa victime. La chair des animaux passe pour être sa nourriture favorite; mais lorsqu'elle est pressée par la faim, elle attaque l'homme sans distinction.

Il paraît que du temps des Romains les panthères étaient fort communes; aujourd'hui l'espèce s'étend depuis la Barbarie jusqu'aux côtes les plus reculées de la Guinée.

LE LÉOPARD.

Cet animal a près de quatre pieds de long, non compris la queue, qui est ordinairement de deux pieds et demi. Sa robe est bien plus belle que celle de la panthère ; elle est d'un jaune plus brillant, et les taches ne sont pas disposées en cercles, mais en groupes de quatre ou cinq points qui offrent une grande ressemblance avec les traces que les pieds des animaux impriment sur le sable. Le léopard se plaît dans les forêts, et n'épargne pas plus l'homme que les bêtes. Il est originaire du Sénégal, de la Guinée et des parties intérieures de l'Afrique. On le rencontre aussi dans quelques parties de la Chine, et dans les montagnes du Caucase, depuis la Perse jusque dans l'Inde.

L'ONCE.

L'once est d'une taille plus petite que la panthère, et dépasse rarement trois pieds et demi de longueur. Son poil cependant est plus long que celui de la panthère ; il en est de même de sa queue. La partie supérieure du corps est d'une teinte blanchâtre, la partie inférieure d'un gris cendré ; il est partout moucheté d'un grand nombre de taches blanches irrégulières. Ses dents et ses griffes sont aiguës.

L'once habite la Barbarie, la Perse, l'Hyrcanie et la Chine. Les Orientaux le domptent et l'exercent à la chasse du lion et de l'antilope. Il ne lui faut que cinq ou six bonds pour s'assurer de sa proie.

La panthère, le léopard et l'once étaient anciennement consacrés à Bacchus.

LE LYNX.

Le lynx habite les parties les plus septentrionales de l'Europe, de l'Asie, et l'Amérique ; il a quatre pieds de longueur : la queue, bien moins longue que dans la panthère, n'a guère plus de six pouces de long.

Il a les oreilles droites avec un pinceau de longs poils noirs au bout. Vers la partie supérieure du corps, sa robe est d'un vert pâle tirant sur le rouge, et mouchetée de petits points d'un brun sombre : sous le ventre il est blanc. Il grimpe sur les arbres et les branches pour épier la belette, l'hermine, l'écureuil, etc. Il commet de grands dégâts parmi les troupeaux, et détruit fréquemment un grand nombre de lièvres et de bêtes fauves. Sa vue est tellement perçante que les anciens lui attribuaient la faculté de voir à travers les pierres des murs ; mais on ne peut dire s'il distingue sa proie à une distance beaucoup plus grande que tout autre carnivore.

LE SERVAL.

Le serval est un joli quadrupède, mais sauvage et vorace. Il ressemble à la panthère par sa robe mouchetée, et au lynx par sa courte queue, par sa taille et par ses formes fortement dessinées. On le voit rarement à terre ; il se tient constamment sur les arbres. Il se nourrit principalement d'oiseaux : il saute à leur poursuite d'arbre en arbre avec toute la souplesse de l'écureuil. Il est originaire des montagnes de l'Inde.

LE CHAT SAUVAGE.

Le chat sauvage ne serait pas mal nommé le tigre anglais. C'est le plus féroce et le plus destructif de nos animaux. Sa tête est plus large, ses cuisses sont plus fortes que celles du chat domestique, qu'il surpasse d'ailleurs pour la taille. La longueur du poil le fait paraître plus grand et plus gros qu'il n'est en effet. Sa couleur est d'un jaune pâle, verdâtre, nuancée de bandes sombres ; celles du dos vont en sens longitudinal, et celles des côtés en sens transversal et dans une direction courbe. La queue est coupée en anneaux cendrés. On le trouve dans les parties montagneuses de l'Ecosse et de l'Irlande, et dans les forêts qui bordent les lacs de l'Angleterre septentrionale. Il est dangereux pour les chasseurs de ne pas le tuer du premier coup. S'il n'est que légèrement blessé, il devient un agresseur redoutable, et ses assaillants paient souvent fort cher leur maladroite intrépidité. La femelle met ordinairement bas quatre petits à la fois.

L'ELÉPHANT.

L'éléphant est le plus grand des animaux qui vivent sur la terre. Sa force est prodigieuse, mais son naturel est très doux, et il se laisse aisément gouverner par la voix de l'homme.

Il porte sur le museau une grande masse de chair qu'on appelle trompe, parce qu'elle est creuse et allongée comme une trompette. Il l'étend et la recourbe de mille manières, et s'en sert comme d'une espèce de main pour prendre sa nourriture et la porter à sa gueule. Il la manie avec tant d'adresse qu'il parvient à déboucher une bouteille, et ramasser à terre la moindre pièce de monnaie. Elle est assez forte pour soulever de grosses pierres et déraciner des arbres.

Nous lisons dans l'histoire que c'était autrefois l'usage d'employer les éléphants dans les batailles. Ils portaient sur leur dos de petites tours de bois remplies de soldats, qui, de cette hauteur, lançaient au loin des traits et des javelots. Quand le combat s'animait, l'éléphant, harcelé par l'ennemi, entrait en fu reur, enfonçait les rangs, et écrasait sous ses pieds tous ceux qui osaient lui disputer le passage.

Voudriez-vous monter sur un éléphant, Henri? Certes vous y feriez une aussi belle figure que la poupée de Charlotte sur un grand cheval.

Les dents de l'éléphant ont quelquefois plus de dix pieds de longueur. Ce sont elles qui nous fournissent tout l'ivoire employé à faire quelques-uns de vos bijoux, vos peignes, le manche de votre couteau, et une infinité d'autres ustensiles.

LE RHINOCEROS.

Le rhinocéros est originaire de l'Inde, de Ceylan, de Java, de Sumatra, et de quelques parties reculées de l'Ethiopie.

Il a ordinairement près de douze pieds de long, presque autant de diamètre, et cinq à sept pieds de haut. Aucun animal n'est aussi singulièrement construit. Sa tête est pourvue d'une corne dure et solide, qui s'avance depuis le mufle, et a quelquefois trois pieds de long. Sans cette difformité, cette partie ressemblerait à la tête du porc.

Sa lèvre supérieure est d'une longueur disproportionnée; elle est flexible et lui sert à ramasser ses aliments et a les porter à sa gueule. Ses oreilles sont larges, droites et pointues; ses yeux petits et perçants. Sa peau est nue, âpre, et, excepté sous le ventre, recouverte d'une sorte de cuirasse tellement épaisse et dure, qu'elle résiste au tranchant du sabre et à la balle du fusil. Cette cuirasse est d'un brun sale, elle est étendue sur le corps en forme de lames, mais d'une manière toute particulière. Le ventre est tombant, les jambes sont courtes, fortes et épaisses, et ses griffes sont partagées en trois parties, dont chacune s'avance en pointe.

La corne de cet animal est une arme redoutable, et placée de manière à faire des blessures mortelles. L'éléphant, le sanglier et le buffle ne peuvent porter leurs coups que de côté; mais le rhinocéros peut, à chaque coup qu'il donne, user de toutes ses armes, circonstance qui le rend plus redoutable au tigre qu'aucun autre animal. Cependant, si on ne l'attaque pas, le rhinocéros est d'un naturel calme et paisible.

Il y a un animal de cette espèce appelé rhinocéros à double corne, dont la peau diffère de celle du précédent: elle est moins dure; au lieu des plis larges et régulièrement dessinés du premier, elle est seulement plissée par de grosses rides au cou, aux épaules et à la croupe; de manière qu'en la comparant à celle du rhinocéros ordinaire, elle pourrait passer pour très lisse et douce.

La différence principale cependant consiste dans le mufle, qui est fourni de deux cornes de différentes grandeurs; la plus petite est au-dessous de l'autre. Ils sont tous deux herbivores.

L'OURS.

Les trois espèces principales de la famille de l'ours sont celles de l'ours commun ou brun, de l'ours noir ou d'Amérique, et de l'ours blanc ou polonais. La première est la plus nombreuse et la plus répandue, on la rencontre dans différentes parties de l'Europe et dans les Indes Orientales.

L'ours brun est un animal solitaire. Il se tient dans les cavernes, les précipices, et choisit le plus souvent pour son gîte le tronc d'un arbre. Il passe plusieurs mois de l'hiver sans autres provisions que les restes de sa chasse pendant l'été. La femelle met ordinairement bas dans la cavité d'un roc, et ne produit qu'en hiver.

L'ours noir est commun dans les parties septentrionales de l'Amérique, d'où il fait de fréquentes excursions vers le sud, à la recherche de sa subsistance. Ils se retirent ordinairement dans le tronc d'un vieux cyprès. Les chasseurs ont recours au feu pour les chasser de leur gîte. Le vieux se montre le premier, et reçoit les premiers coups ; les jeunes, à mesure qu'ils s'avancent, sont pris dans des pièges, et on les emmène ou on les tue. Les pieds et les jarrets passent pour une chair exquise.

L'ours blanc, ou de Groënland, diffère beaucoup des deux précédents dans les dimensions de son corps, et quoiqu'il conserve la forme extérieure de l'espèce méridionale, sa taille est trois fois plus haute. Il atteint souvent près de douze pieds de long : sa férocité répond à sa grosseur. On l'a vu attaquer un matelot et le dévorer en présence de ses camarades. Il vit principalement de poisson, de veau marin et de baleine morte. Il s'éloigne rarement des côtes ; cependant les glaçons le transportent quelquefois en pleine mer, et le promènent jusque vers l'Islande où il n'est pas plus tôt arrivé que les naturels s'empressent de l'accueillir les armes à la main.

LE CHAMEAU.

Le chameau est une grande créature. Nous n'en avons point dans ce pays, si ce n'est ceux que l'on y amène à dessein de les montrer dans les rues pour de l'argent.

Au milieu des contrées où vivent les chameaux, il y a de vastes déserts sablonneux où l'on ne trouve ni une hôtellerie pour se reposer, ni même un arbre pour se mettre à l'abri des traits brûlants du soleil. Cependant les marchands sont dans la nécessité de traverser ces sables arides, pour porter les marchandises qu'ils veulent vendre d'une contrée à l'autre. Il leur serait impossible de traîner eux-mêmes de si lourdes charges ; et les chevaux dont ils pourraient faire usage seraient réduits à périr de soif, parce qu'on ne trouve point d'eau sur la route. Le chameau se charge des fardeaux les plus pesants, les porte avec autant de patience que de légèreté, et ne demande point de rafraîchissement dans sa marche. Lorsqu'il est parvenu au terme du voyage, il s'agenouille de lui-même, afin que son maître puisse atteindre à la hauteur de son dos pour le décharger.

Je pourrais vous dire des choses étonnantes d'une quantité d'autres animaux ; mais j'espère que vous aurez assez de curiosité pour vous instruire un jour, dans les livres d'histoire naturelle, de tout ce qui les concerne.

LE LOUP.

On trouve des loups dans presque toutes les parties tempérées et froides du globe. Ils étaient très nombreux en Angleterre, mais la race y est entièrement éteinte depuis longtemps. ce n'est cependant que vers la fin du dix-septième siècle que le dernier loup a été tué en Ecosse. Cet animal, depuis l'extrémité de son museau jusqu'à l'origine de sa queue, a près de trois pieds de long, et sa hauteur est d'environ deux pieds cinq pouces. Sa couleur offre un mé-

...âge de noir, de brun et de vert, la cavité de l'œil est percée obliquement, l'orbite incliné.

La couleur de ses paupières est d'un vert clair, ce qui lui donne un air sauvage et effrayant. Le fumet du loup est si puant et sa chair si mauvaise, que tous les autres animaux la rebutent.

La nature a pourvu le loup de force, d'adresse, d'agilité, et de tout ce qui lui est nécessaire pour la poursuite, l'attaque et la conquête de sa proie. Il est naturellement lent et lâche; mais quand il est poussé par la faim, il brave le danger, et ose venir attaquer les animaux qui sont sous la protection de l'homme, comme les brebis, les moutons, et même les chiens.

Tourmenté par une faim excessive, il exerce de grands ravages. Il attaque les femmes, les enfants, quelquefois même il ose se jeter sur l'homme : ses violents et continuels efforts ajoutent à sa fureur, et il termine sa vie dans des accès de rage.

Le temps de la gestation est d'environ quatorze semaines; la louve produit ordinairement cinq à six jeunes à la fois elle les nourrit pendant quelque temps, et cherche à leur faire aimer la chair, qu'elle leur sert en la goûtant d'abord elle même. Elle leur apporte aussi de jeunes lièvres et des oiseaux qu'elle déchire devant eux. Quand les louveteaux ont atteint six semaines ou deux mois, leur mère les conduit près du tronc de quelque arbre où l'eau s'est amassée, ou bien de quelque étang du voisinage, et leur apprend à boire; mais à la moindre apparence de danger, elle les cache dans le premier repaire venu, ou bien les porte sur son dos vers sa tanière. Elle les entretient ainsi jusqu'à ce qu'ils aient atteint leur douzième mois et qu'ils aient complété leur dentition ; alors elle les abandonne, les jugeant assez forts pour se suffire à eux-mêmes.

LE RENARD.

Le renard naît presque dans toutes les parties du globe. Il est plus petit que le loup, et n'a guère plus de deux pieds trois pouces de long. Sa queue est comparativement plus longue et plus épaisse ; il a le museau moins long et le poil plus doux. Ses yeux sont obliques comme ceux du loup, mais ils ont une singulière expression. Sa tête est large en proportion de sa taille ; son fumet, comme celui de toute l'espèce, exhale une odeur détestable.

Cet animal est fameux par ses ruses et son adresse, et sa grande réputation est bien fondée. Il établit ordinairement son domicile sur la lisière des bois, dans le voisinage de quelque ferme. S'il parvient à pénétrer dans une basse-cour, il égorge toute la volaille, se charge d'une partie des dépouilles, court la déposer à quelque distance, puis revient à la charge, emporte une autre partie, et va la déposer de même, mais avec la précaution de changer le lieu du dépôt. Il répète ce manége à plusieurs reprises, jusqu'à ce que l'approche du jour ou le réveil des domestiques l'avertisse qu'il est temps de songer à la retraite. Lorsqu'il trouve des oiseaux pris dans les piéges, il les dégage adroitement de leurs liens, les emporte dans son terrier, les garde trois ou quatre jours, et n'oublie pas dans ses courses le trésor qu'il tient en réserve.

Il est grand amateur de nids d'oiseaux, attaque les perdrix et les cailles quand elles couvent, prend les jeunes lièvres et les lapins, et détruit une grande quantité de gibier. Sa gourmandise s'accommode de tout. Quand il est pressé par la faim, il prend des rats, des souris, des crapauds, des lézards, des insectes, et se contente même des végétaux. Les renards qui vivent près des côtes de la mer se nourissent de toutes sortes de coquillages. Le hérisson oppose en vain à ce gourmand déterminé sa boule armée de pointes ; ni la guêpe, ni l'abeille ne peuvent se garantir de ses déprédations ; si parfois elles le forcent à une retraite momentanée, il revient bientôt à la charge, se roule à terre, et les force enfin à lui abandonner leurs précieux rayons.

La femelle produit une seule fois par an, et sa portée est rarement de plus de quatre ou de cinq jeunes. Elle leur prodigue beaucoup de soins. Au moindre soupçon que sa retraite a été découverte pendant son absence, elle emporte ses jeunes rejetons l'un après l'autre dans sa gueule, et va à la recherche d'un gîte qui lui offre plus de sécurité.

LE CHEVREUIL.

A ne considérer que l'élégance de la forme, la vivacité de ses dispositions, et le gracieux de ses mouvements, le chevreuil l'emporte sur le cerf et sur le daim. C'est la plus petite des bêtes fauves de l'Angleterre, et l'espèce en est presque détruite dans l'ile ; le peu qui en reste se trouve confiné dans les montagnes d'Ecosse. Sa hauteur jusqu'aux épaules a près de deux pieds et demi ; ses cornes ont de six à huit pouces de long, elles sont fortes, droites, et divisées à leur extrémité en trois points ou branches. La longueur du chevreuil dépasse rarement trois pieds. Il est très vif et a le nez très fin.

Dans sa manière d'éluder les poursuites des chiens, il déploie plus de sagacité que le cerf. Au lieu de continuer sa course en avant, il confond ses traces en revenant lui-même sur ses pas, et en faisant d'énormes bonds de côté, en se tenant droit et immobile, tandis que les chiens et les hommes passent à côté de lui.

Les chevreuils diffèrent essentiellement de toutes les autres bêtes fauves par leurs mœurs. Ils ne vivent point par troupes, mais par familles; la plus grande constance préside à leurs amours. Chaque mâle habite avec sa femelle favorite et un de ses jeunes, et n'admet aucun étranger dans sa petite société. La femelle porte au plus haut point l'affection et la sollicitude maternelle; mais aussi ses jeunes sont exposés à de nombreux ennemis. Elle met bas deux faons, ordinairement un mâle et une femelle.

Dans la Grande-Bretagne, on ne connaît que deux variétés de chevreuils; la rouge, qui est la plus grande, et la brune, qui est un peu plus petite; mais en Amérique, où la race est très nombreuse, les variétés sont en égale proportion.

V

LE VAUTOUR.

Parmi la classe de ces oiseaux, le vautour doré, l'aquilin ou vautour d'Egypte, celui du Cap et du Brésil, occupent le premier rang. Ils ont tous la même indolence, la même voracité, exhalent tous une odeur rebutante. Le vautour doré, si nous en exceptons le condor, se place à la tête de l'espèce ; il est long d'environ quatre pieds et demi, depuis l'extrémité du bec jusqu'à la queue, et pèse ordinairement quatre ou cinq livres. La tête et le cou sont couverts d'un poil épais ; le cou est entouré d'une peau rouge qui, dans l'éloignement, donne à l'oiseau l'apparence du coq d'Inde. Les yeux sont plus avancés que ceux de l'aigle. Tout le plumage est cendré, nuancé de rouge et de jaune ; les jambes sont d'une forte couleur de chair, et les ongles sont noirs. L'aquilin mâle est entièrement bleu, à l'exception des plumes du tuyau, qui sont d'un noir grisâtre. Le vautour du Cap offre une grande ressemblance avec cette dernière espèce ; mais sa tête est d'un bleu brillant, couvert d'un jaune sombre, et son plumage tient en quelque chose de la couleur du café.

Le vautour se trouve communément dans plusieurs parties de l'Europe et de l'Egypte, dans l'Arabie, dans beaucoup d'autres royaumes de l'Asie et de l'Afrique, où on en voit un grand nombre.

En Egypte, et particulièrement au grand Caire, ils forment de grandes troupes, qui rendent aux habitants un service très important, en les débarrassant des chairs mortes qui finiraient par infecter l'air. Les anciens Egyptiens savaient tellement apprécier les services de ces oiseaux, que le meurtre d'un vautour était considéré comme un crime capital.

Dans le Brésil, ces oiseaux ne sont pas d'une moindre utilité ; ils arrêtent la dangereuse multiplication des crocodiles. La femelle des crocodiles pond souvent ses œufs, au nombre d'un à deux cents, sur les bords d'une rivière, et les couvre soigneusement de sable pour les soustraire aux yeux des autres animaux. Dans le même temps plusieurs vautours suivent ses mouvements à travers les branches d'un arbre voisin ; à son départ, ils s'encouragent l'un l'autre par de hauts cris, fondent sur les lieux, dépouillent les œufs de leurs coquilles, et les dévorent en peu d'instants. En Palestine, ils rendent des services infinis, en détruisant les nombreux essaims de rats et de souris qui, si on ne les arrêtait pas, dévoreraient tous les fruits de la terre.

Les vautours font leur aire sur les rochers les plus éloignés et les plus inaccessibles, et ne produisent qu'une fois par année. Ceux d'Europe descendent rarement dans la plaine, excepté lorsque les rigueurs de l'hiver ont banni de leur retraite naturelle tous les êtres vivants. Ils peuvent endurer la faim pendant un très long espace de temps. Leur chair est maigre et rebutante.

L'AIGLE.

L'aigle occupe parmi les oiseaux le même rang que le lion parmi les quadrupèdes. Buffon a établi entre eux un parallèle où il déploie son éloquence ordinaire. « L'aigle, dit-il, a plusieurs convenances avec
» le lion : la magnanimité ; il dédaigne également
» les petits animaux et méprise leurs insultes. Ce
» n'est qu'après avoir été longtemps provoqué par les
» cris importuns de la corneille et de la pie que l'ai-
» gle se détermine à les punir de mort. Il ne veut d'au-
» tre bien que celui qu'il conquiert, d'autre proie
» que celle qu'il prend lui-même ; la tempérance ; il
» ne mange presque jamais son gibier en entier, et
» laisse, comme le lion, les débris et les restes aux
» autres animaux. Quelque affamé qu'il soit, il ne

» se jette jamais sur les cadavres. Il est encore so-
» litaire comme le lion, habitant d'un désert dont il
» défend l'entrée et la chasse à tous les autres oi-
» seaux ; car il est peut-être encore plus rare de voir
» deux paires d'aigles dans la même portion de mon-
» tagne, que deux familles de lions dans la même par-
» tie de forêt. Ils se tiennent assez loin les uns des
» autres pour que l'espace qu'ils se sont départi leur
» fournisse une ample subsistance ; ils ne comptent
» la valeur et l'étendue de leur royaume que par le
» produit de la chasse. L'aigle a les yeux étincelants et
» à peu près de la même couleur que ceux du lion,
» les ongles de la même forme, l'haleine tout aussi
» forte, le cri également effrayant. Nés tous deux
» pour le combat et la proie, ils sont également
» ennemis de toute société, également fiers et diffi-
» ciles à réduire. On ne peut les apprivoiser qu'en
» les prenant tout petits. »

Ce parallèle est de la plus grande exactitude, abs-
traction faite cependant de ce qui regarde la voix de
l'aigle, qui est un fausset perçant dépourvu de grandeur, tandis que la voix du lion est une basse profonde et épouvantable.

De toute cette espèce, l'aigle doré est le plus grand
et le plus majestueux. Il a trois pieds de long, et l'en-
vergure de ses ailes, d'une extrémité à l'autre, est de
sept pieds et demi. Il pèse quatorze livres

La tête et le cou sont couverts de plumes aiguës
d'un brun sombre, bordé de tan ; tout le corps est
également d'un brun cendré ; la queue est brune, ir-
régulièrement nuancée d'une couleur cendrée obscure ;
le bec est d'un bleu sombre, et les yeux couleur de
noisette. Les jambes sont jaunes, fortes, et couvertes

de plumes jusqu'aux pieds; les doigts sont armés de formidables serres.

Des rochers élevés, des ruines de châteaux solitaires, des tours isolées, voilà les places que l'aigle doit choisir pour sa demeure. Les nids des oiseaux sont ordinairement creux; l'aire de l'aigle est plate. La base consiste en perches de cinq à six pieds de long appuyées par les deux bouts et traversées par des branches recouvertes de lits de joncs et de bruyères. Elle forme un carré d'environ deux verges, et sert à l'oiseau, dit-on, pour toute sa vie. La femelle pond ses œufs en trente jours; elle n'en pond jamais plus de deux ou trois. L'aigle peut être apprivoisé s'il est pris jeune. Mais dans la domesticité même il conserve ses mauvaises inclinations; il n'est pas prudent de l'irriter, car telle est sa force que presque aucun quadrupède ne peut se mesurer avec lui, et on l'a même vu tuer un homme d'un coup de son aile. L'aigle est d'une très grande longévité : on a la certitude qu'un aigle a été gardé en prison pendant tout un siècle. Il peut supporter la privation de nourriture pendant près de trois semaines; degré d'abstinence dont très peu d'autres animaux sont capables.

LE HIBOU.

On connaît près de cinq espèces de hiboux; mais nous ne parlerons ici que de trois espèces : du grand-duc, de l'effraie et de la chouette. On dit avec raison que le hibou est au faucon ce qu'est la mouche au papillon, puisque, à proprement parler, le hibou ne chasse que de nuit, tandis que le faucon ne poursuit jamais sa proie que de jour. La tête du hibou est ronde, assez semblable à celle du chat, avec lequel le hibou a d'ailleurs une grande affinité dans la guerre destructive qu'il fait aux rats. Les yeux du hibou sont aussi formés comme ceux du chat, et plus propres à voir dans les ténèbres qu'en plein jour. Durant l'hiver, le hibou se retire dans le tronc de vieux arbres ou dans les tours en ruines. Il dort pendant les rigueurs de la saison. Dans quelques pays, on a la simplicité de regarder le hibou comme un oiseau de mauvais augure : cependant les Athéniens l'honoraient autrefois, et en faisaient l'oiseau favori de Minerve.

Le grand-duc est originaire d'une grande partie de l'Europe, de l'Asie et de l'Amérique. Il se tient dans des rochers inaccessibles et les places les plus désertes. Il égale pour la taille quelques aigles. Il a la vue plus forte qu'aucun autre de son espèce, et chante quelquefois de jour. Il est très attaché à ses jeunes : quand on les lui enlève, il les pourvoit assidûment de pâture, ce qu'il exécute avec une telle sagacité, une telle discrétion, qu'il est presque impossible de le prendre sur le fait.

On distingue aisément le duc à sa grosse figure, à son énorme tête, aux larges et profondes cavernes de ses oreilles, aux deux aigrettes qui surmontent sa tête, à son bec noir et crochu, à ses grands yeux fixes et transparents, à sa face entourée de poils ou plutôt de petites plumes blanches, à ses ongles noirs, forts et très crochus, à son cou très court, à son plumage d'un roux brun, tacheté de noir et de jaune sur le dos, et de jaune sous le ventre, marqué de taches noires, et traversé de quelques bandes brunes mêlées confusément ; à ses pieds couverts d'un duvet épais et de plumes roussâtres jusqu'aux ongles; enfin à son cri effrayant.

On connaît vingt espèces de cet oiseau des ténèbres, que l'on appelle aussi le hibou corné, eu égard aux longues plumes qui entourent les cavernes des oreilles, et qui ont quelque ressemblance avec des cornes.

La chouette blanche ou l'effraie se tient dans les églises, les vieilles masures et les maisons inhabitées. Le singulier cri qu'elle pousse en volant, qui réveille le monde, et que l'on ne saurait entendre sans effroi, est la source de son nom. Sa vue est très mauvaise de jour, aussi ne commence-t-elle ses exercices et ses ravages qu'avec le crépuscule. S'il lui arrive de se montrer le jour, tous les petits oiseaux s'attachent à sa poursuite. Le plumage de cette espèce a beaucoup d'élégance : tout le dessus du corps est d'un léger jaune, tandis que les parties inférieures sont absolument blanches. Les yeux sont entourés d'un cercle de petites plumes blanches, les jambes sont couvertes de plumes jusqu'aux ongles des pieds. Le sens de l'ouïe est dans l'effraie d'une grande subtilité.

Du temps de Gengis-Khan, les Tartares Mongols et Kalmouks avaient cet oiseau en grande vénération ; voici ce qu'ils racontent à ce sujet. Un hibou de cette espèce vint se placer sur un buisson, sous lequel leur prince s'était réfugié après une défaite. L'ennemi victorieux passa outre sans s'arrêter et sans faire de recherches, ne s'imaginant pas qu'un oiseau dût percher au-dessus de la retraite d'un homme.

La chouette n'a pas plus d'un pied de longueur. La poitrine est d'un cendré pâle, nuancé de raies longitudinales brunes; la tête, les ailes et le dos sont marqués de noir; autour des yeux il y a un cercle cendré, nuancé de brun C'est un véritable oiseau de proie, qui commet souvent de grands ravages dans nos colombiers. Il se tient dans les ruines et dans le tronc des arbres. Quand il s'agit de défendre ses jeunes, il attaque courageusement l'homme. Les souris font sa chair favorite ; il les dépouille avec autant de dextérité qu'un cuisinier pourrait le faire d'un lapin

LA POULE

Si vous avez fini de déjeuner, et que vous ne sentiez pas de fatigue, nous irons dans la basse-cour. Prenons chacun une poignée de grain : je suis sûre que nous serons bien-venus.

Voyez quelle nombreuse couvée de poussins a cette poule blanche ! Elle prend autant de soin d'eux que la femme la plus tendre de ses enfants. Henri, ne cherchez point à attraper les petits poulets ; elle volerait sur vous. Hier encore ils étaient dans la coquille. Elle avait posé ses œufs dans un panier, au coin de la volière. Elle les a couvés pendant trois semaines, et ne les a quittés qu'un moment à la dérobée pour manger, de peur qu'ils ne périssent de froid s'ils étaient privés de la chaleur qu'elle leur communique. Aussitôt qu'ils ont été assez forts, ils ont rompu la coquille, et sont sortis d'eux-mêmes. Elle leur apprend déjà à fouiller du bec dans la terre pour y chercher du grain et des vermisseaux. Lorsqu'elle craint que quelqu'un n'ait envie de leur faire du mal, elle s'élance sur lui avec la fureur et le courage d'un lion. Pauvre poule, que vas-tu devenir ? Voyez-vous cet oiseau de proie qui la guette ? Oh ! comme cette tendre mère est effrayée ! Les petits poussins se couchent sur le dos, attendant à tout moment d'être emportés dans les serres de leur ennemi. Leur mère court autour d'eux dans des angoisses mortelles; car il est trop fort pour qu'elle puisse le combattre. Allez, Henri, appelez Thomas, et dites-lui d'accourir tout de suite avec son fusil. Va, ma pauvre poule, l'épervier n'aura pas tes petits. — Maintenant que nous l'avons chassé, viens, viens chercher le grain que nous t'avons apporté pour ta famille.

Nous avons besoin d'œufs, Charlotte ; voyez s'il y en a dans le poulailler. Bon, vous en avez trois. Ils sont pondus d'aujourd'hui. Il n'y a pas encore de poulet vivant dans la coquille ; mais, si nous les laissions quelque temps sous la poule, il viendrait un poulet dans chacun. Toute espèce de volaille et d'oiseau vient aussi d'œufs, plus ou moins gros, suivant la grosseur de l'animal qui les produit.

Il est possible de faire éclore des œufs dans des fours ; et j'ai lu que c'était l'usage ordinaire en Egypte. Aussitôt que les jeunes poussins sortent de leur coquille, ils sont mis sous la tutelle d'une poule qui, ayant été dressée à cet emploi, les conduit et les élève, becquetant pour eux avec la même tendresse que si elle était leur véritable mère. Certainement c'est une chose très curieuse ; mais je suis bien loin d'approuver ces procédés contre nature. Nous pouvons bien avoir un nombre suffisant de poulets par la méthode naturelle, si nous leur donnons les soins qu'ils demandent. Je suis ravie de savoir qu'on a voulu essayer, dans ce pays, de faire naître les poulets dans des fours, et qu'on a rejeté ce moyen.

Il y a une autre coutume aussi bizarre, mais qui cependant est très commune parmi nous : c'est de mettre des œufs de cane couver sous une poule. Vous auriez peine à concevoir la détresse que cela occasion ne à cette seconde mère. Ignorant l'échange qui a été fait, elle suppose qu'elle a couvé ses propres petits; car elle n'a pas assez d'intelligence pour réfléchir sur cet objet. C'est pourquoi, lorsqu'elle voit les canetons se plonger dans l'eau, suivant leur instinct, elle est saisie pour eux des craintes les plus vives, tremblant qu'ils ne se noient. Cependant elle n'ose les suivre, parce qu'elle ne sait pas nager. Vous auriez pitié de la pauvre bête, en la voyant courir autour de la mare, appelant ses nourrissons, et remplissant l'air de ses plaintes.

Il est fâcheux d'être obligé de tuer les pauvres poulets; mais, comme je vous l'ai dit au sujet des bœufs et des moutons, si nous les laissions tous vivre, ils mourraient de faim, ou nous réduiraient au même danger, en mangeant tout le grain de nos provisions; en sorte que nous n'aurions plus ni pain ni viande pour soutenir notre vie. Mais nous prendrons soin de les bien nourrir, de ne pas les tourmenter, et lorsque nous les tuerons nous les ferons souffrir le moins possible. Je ne pourrais jamais me résoudre à égorger de mes mains une créature vivante; je plains, sans les condamner, ceux qui, par état, sont forcés d'exécuter cette cruelle opération.

Les poules ont les pattes armées d'ongles très pointus, pour pouvoir fouiller dans le fumier et devant la porte des granges, où elles trouvent toujours une provision suffisante de grains. Leurs pieds ont aussi plusieurs jointures; en sorte qu'en dormant, la nuit, elles se tiennent fortement accrochées aux juchoirs, ce qui les empêche de tomber pendant leur sommeil.

Les coqs ont autant de courage que de beauté, de force et d'orgueil. Ils combattent quelquefois entre eux jusqu'à ce que l'un ou l'autre reçoive la mort. Il y a, en Angleterre, des gens assez cruels pour trouver de l'amusement dans ces meurtres.

Ils prennent deux de ces belles créatures, et attachent à leurs jambes des éperons d'acier très aigus; ensuite ils les mettent au milieu d'une place ronde, couverte de gazon, et se tiennent tout autour, criant, et faisant des paris insensés, tandis que les deux fiers combattants se déchirent de blessures si cruelles qu'ils meurent quelquefois sur la place. Oh! Henri, j'espère que vous ne prendrez jamais part à ces jeux barbares. Je vois que votre cœur se révolte au seul récit que je vous en fais. Je pourrais encore vous dire que ces spectacles ont causé souvent la ruine de ceux qui risquaient leur fortune sur l'événement du combat; mais je me flatte que, avant de devenir homme, vous prendrez des sentiments d'humanité qui vous en éloigneront pour toujours, sans avoir besoin de ce motif.

Je veux vous parler d'une autre espèce de barbarie exercée sur les coqs par de méchants petits garçons. Le jour du mardi-gras, ils s'assemblent par bandes et conviennent de jeter tour à tour des bâtons à l'une de ces innocentes créatures. Le premier tire, et lui casse quelquefois une jambe. Cela est réparé, à ce qu'ils disent, par un morceau de bois qu'ils lient tout autour pour la soutenir. Le second lui crève peut-être un œil; le troisième lui brise peut-être une aile, et rarement un coup manque de lui casser quelqu'un de ses membres délicats. Aussi longtemps qu'il lui reste des forces, l'oiseau tourmenté cherche à s'échapper de ses bourreaux; mais la violence de la douleur le force bientôt de tomber, s'il montre le moindre signe de vie, il a de nouveaux tourments à souffrir. Ils mettent sa tête dans la terre pour le ranimer, à ce qu'ils prétendent. La malheureuse volatile se débat, de peur d'étouffer, et la persécution recommence. Quelques coups de plus achèvent ce jeu barbare. Elle tombe tout-à-fait morte, tandis que ses meurtriers triomphent sur son cadavre, et s'appellent eux-mêmes de petits héros. Que pensez-vous de ces enfants. Henri ? N'y a-t-il pas bien plus de plaisir à voir ce noble oiseau becquetant à la porte de la grange, ou perché sur son fumier, battant des ailes et poussant des cris de joie, que de le voir déchiré une manière si cruelle, de voir ses yeux, jadis si pleins de feu, maintenant éteints sous sa paupière mourante, et son beau plumage souillé de boue et de sang ?

LA PERDRIX.

La perdrix a environ treize pouces de longueur ; la couleur générale de son plumage est d'un brun cendré, élégamment mêlé de noir. La queue est courte ; les cuisses sont d'un blanc verdâtre, avec un petit nœud par derrière ; le bec est d'un faible brun. Les yeux sont couleur de noisette ; sous chaque œil il y a un petit point graineux couleur de safran. Dans les jeunes perdrix on remarque, entre les yeux et l'oreille, une peau nue d'un écarlate brillant. Le mâle a sur la poitrine une marque en forme de fer à cheval. La femelle se reconnaît par ses couleurs moins marquées, moins brillantes.

On ne voit les perdrix que dans les climats tempérés. Les extrêmes de chaleur ou de froid leur sont contraires. Cependant elles se trouvent dans le Groënland, où pendant l'hiver leur plumage blanchit. En Suède, elles terrent sous la neige pour se garantir du froid. Elles ne sont nulle part en plus grande quantité que dans l'Angleterre, où elles font les délices des épicuriens raffinés. Ces oiseaux s'apparient dès le retour du printemps ; la femelle pond entre quatorze et dix-huit œufs ; elle fait à terre un nid de feuilles sèches et de gazon. Les petits courent au moment même qu'ils sont éclos ; souvent ils traînent encore avec eux une partie de leur coquille. Il arrive assez communément qu'on place des œufs de perdrix sous une poule qui les couve et les soigne comme ses propres œufs ; mais alors il faut avoir soin de pourvoir les jeunes d'œufs de fourmis qu'ils aiment beaucoup, sans quoi il serait impossible de les élever. Ils mangent aussi des insectes. Lorsqu'ils ont pris toute leur croissance, ils se nourrissent de toutes sortes de jeunes plantes. Le mâle partage une partie des soins que la femelle prodigue à ses petits ; ils guident tous deux leurs premiers pas, les rappellent ensemble, leur donnent la becquée, et les aident à gratter le sol de leurs pieds pour trouver quelque nourriture ; on les voit souvent réunis et couvrir leurs jeunes de leurs ailes, comme les poules.

LA PIE.

Ce joli oiseau est commun en France ; mais l'Italie est sa limite au sud, et ses voyages vers le nord s'arrêtent en-deçà de la Laponie. Il est d'une telle rareté en Norwège, que la vue d'une pie y est regardée comme le présage de la mort.

La pie a dix-huit pouces de long ; le noir foncé de la tête, du cou et de la poitrine forme un contraste élégant avec la blancheur éblouissante des parties inférieures ; les pennes du cou sont très longues et couvrent tout le dos ; le plumage en général est d'un noir lustré qui, vu de près, et sous certain jour, jette des reflets verts, bleus, pourpres et violets ; la queue étagée est très longue ; les pieds sont également noirs.

La pie est omnivore ; elle fait souvent de grands ravages dans les garennes et dans les basses-cours. Elle n'entreprend jamais de longs voyages, elle vole d'arbre en arbre à peu de distance.

La femelle met beaucoup d'art dans la construction de son nid ; elle n'y laisse d'ouverture qu'autant qu'il lui en faut pour entrer et sortir ; elle le couvre d'une enveloppe à claire-voie, de petites branches épineuses et bien entrelacées ; le fond est matelassé de laine et d'autres matériaux mollets sur lesquels les jeunes peuvent se reposer commodément. elle pond sept ou huit œufs d'un gris pâle et tachetés de noir

La pie peut être apprivoisée ; on lui apprend à prononcer différents mots, même de courtes phrases, souvent, quand un bruit étranger a frappé son oreille, elle cherche à l'imiter.

Elle est, comme d'autres oiseaux de son espèce, très portée à dérober : elle a aussi l'habitude d'enfouir ses provisions superflues.

LE PAON, LE COQ D'INDE, LE FAISAN, LE PIGEON.

Reposons nos regards sur ce paon majestueux. Avez-vous vu jamais une plus brillante parure ? Avec quel orgueil il étale en forme de roue sa queue étoilée ! On dirait que le soleil se plait à la faire étinceler des plus riches couleurs. Une de ses plumes est tombée à terre. Examinez-la bien ; plus vous la regarderez de près, plus elle vous paraîtra admirable. Ses pieds ne sont pas, à beaucoup près, si beaux, tant il est vrai qu'on ne possède jamais tous les avantages

La chair du paon est assez bonne à manger. Elle servait même autrefois dans les festins d'apparat de la chevalerie. Mais qui pourrait se résoudre à égorger un si bel oiseau?

Ne soyez pas effrayé de ce coq d'Inde, Henri. Il a l'air fanfaron ; mais il ne possède en effet que très peu de courage. Marchez à lui sans crainte, il fuira devant vous. Une taille haute, vous le voyez, n'annonce pas toujours un grand cœur.

Cet oiseau nous vient de l'Inde; mais il s'est fort bien naturalisé dans ce pays, et sa chair est d'un très bon goût.

Ne croiriez-vous pas que l'on a peint et doré le plumage de ces faisans de la Chine? Ils sont moins beaux que le paon, mais ils sont plus variés.

Voyez-vous aussi quelle diversité de couleurs dans ces pigeons. Les plumes de tous ces oiseaux nous servent pour mille embellissements dans notre parure. Et jusqu'à celles du hibou, il n'en est pas qui ne soient dignes d'occuper nos regards, d'exciter notre admiration, et de satisfaire notre curiosité.

LA TOURTERELLE.

La tourterelle est plus petite que le pigeon, dont elle se distingue d'ailleurs par l'iris jaune de ses yeux et par le cercle cramoisi de ses paupières. La couleur générale de cet oiseau est d'un gris bleuâtre, la poitrine et le cou sont d'une sorte de pourpre blanchâtre; et sur les côtés du cou se trouve un petit tour de belles plumes blanches bordées de noir.

Le cri de cet oiseau est tendre et plaintif; le mâle,

en abordant sa compagne, la salue à différentes reprises du mouvement de ses ailes, et pousse en même temps les sons les plus doux et les plus touchants. La fidélité de ces oiseaux a fourni aux romanciers une source d'images séduisantes. L'on assure que, si un couple se trouve enfermé dans une cage, et que le mâle vienne à mourir, il est rare que la femelle lui survive, cependant, aux rapports de plusieurs naturalistes, observateurs judicieux et profonds, la constance de la tourterelle n'est pas absolument exemplaire, et la fidélité inviolable qu'on lui prête n'est pas tout-à-fait sans tache.

Ces oiseaux arrivent en nombre avec le printemps, et nous quittent vers le mois d'août. Ils se tiennent dans les taillis les plus épais et les plus solitaires des bois; ils nichent sur les arbres les plus élevés. La femelle pond deux œufs; dans nos pays elle ne fait pas plus d'une ponte : mais dans les climats plus chauds on croit qu'elle en fait plusieurs.

LE ROSSIGNOL.

Ce n'est pas à la beauté de son plumage que le rossignol doit la faveur distinguée dont il a joui dans tous les temps près des amateurs de la belle nature. Cet oiseau, qui a fourni tant de richesses à l'imagination des poètes, a peut-être la parure la plus modeste de tous les habitants ailés des bois.

. Il a près de six pouces de long; le dessus de son corps est brun foncé, avec une légère teinte olive ; le dessous est cendré pâle; la gorge et le ventre sont blanchâtres.

La variété, la douceur, l'harmonie de son chant, le placent au premier rang parmi nos oiseaux chanteurs. Dans le silence de la nuit, quand tous les autres oiseaux ont suspendu leurs concerts, le rossignol seul fait entendre sa voix mélodieuse : il remplit alors le cœur des émotions les plus douces, élève et transporte l'imagination aux pieds de cette puissance créatrice, si grande, si généreuse dans toutes ses œuvres, si ingénieuse à embellir le séjour passager de l'homme.

Le rossignol est un oiseau solitaire ; il ne vit jamais par troupe. La femelle construit son nid de feuillage, de paille et de mousse ; elle pond ordinairement quatre ou cinq œufs ; elle fait deux et quelquefois trois pontes par an. Tandis qu'elle s'acquitte des devoirs de l'incubation, le mâle, perché sur une branche voisine, cherche à charmer ses ennuis par l'harmonie de son chant, si quelque ennemi s'approche, si quelque danger menace, il chante encore, et ses accents entrecoupés disent à sa compagne tout ce qu'elle a à craindre.

Les rossignols s'approprient facilement le chant des autres oiseaux. On peut leur apprendre une partie séparée dans un chœur ; ils la répèteront exactement à leur tour.

On dit qu'on est souvent parvenu à leur faire articuler des mots, et l'on vante les progrès étonnants qu'ils ont faits dans cette étude.

LE CYGNE, L'OIE, LE CANARD.

Prenez garde, Henri ; n'approchez pas tant du bord du canal. Venez à mon côté. Bon ! donnez-moi la main. Nous sommes assez près pour être à portée de voir ce cygne superbe. Comme il navigue sur les eaux, sans troubler la surface ! Voyez-le déployer de temps en temps ses ailes argentées, et plonger son cou long et recourbé. Voyez sa compagne, avec quelle fierté elle conduit sa naissante famille! Ses petits ne sont encore que d'un gris cendré; mais bientôt l'œil sera ébloui de la blancheur de leur plumage.

Cette pauvre oie, qui ressemble tant au cygne pour la forme, est bien loin d'avoir sa grâce et sa beauté! Elle ne fait que criailler d'une voix rauque et glapissante, et se dandiner niaisement dans sa lourde allure. Gardons-nous toutefois de la mépriser, pour n'avoir pas les avantages extérieurs de sa rivale. Le cygne n'a rien à nous fournir que son duvet pour nos houpes à poudrer, nos manchons, la garniture de nos robes et de nos pelisses. L'oie, au contraire, nous donne sa chair pour nos repas, et nous lui sommes en quelque sorte redevables de tous les livres de science et d'agrément que nous lisons, puisqu'avant d'être imprimés ils ont d'abord été écrits avec des plumes tirées de ses ailes.

Regardez à présent cette cane, suivie de sa jeune couvée de canetons. Où courent-ils donc ainsi d'un air si empressé? Bon : les voilà tous dans l'eau. Voyez avec quelle assurance ils y plongent! Vous auriez, j'imagine, une belle frayeur à leur place.

Le cygne, l'oie et le canard sont des oiseaux aquatiques, et vivent sur l'eau et sur la terre. Remarquez, je vous prie, leurs pattes, vous verrez que toutes les parties en sont liées ensemble par une mince membrane. Il en est de même de tous les oiseaux d'eau. Ils les emploient comme ces rames dont vous avez vu les bateliers se servir pour conduire leur chaloupe.

LES OISEAUX DE PASSAGE

Il est plusieurs espèces d'oiseaux, appelés oiseaux de passage, tels que les grues, les canards sauvages les pluviers, les bécasses, les hirondelles, etc., qui ne résident pas constamment dans le même endroit, mais qui vont de pays en pays chercher un climat favorable, suivant les différentes saisons de l'année. Ils se réunissent tous ensemble en un certain jour marqué, et prennent leur vol en même temps. Plusieurs traversent les mers, et volent jusqu'à trois cents lieues ; ce que l'on aurait de la peine à croire sans le témoignage répété de plusieurs voyageurs dignes de foi.

LES OISEAUX ÉTRANGERS.

Je ne finirais pas de la journée si j'entreprenais de vous peindre les oiseaux qui vivent dans ce pays. Que serait-ce donc si je voulais vous entretenir de tous ceux qu'on a reconnus sur les différentes parties de l'univers ? Il est des livres fort amusants où l'on a fait leur histoire, et où vous pourrez les voir représentés avec leurs couleurs naturelles. En attendant que vous soyez en état de lire ces ouvrages avec fruit, je me borne à vous parler de deux oiseaux seulement ; et je choisirai le plus grand et le plus petit de toute espèce, le colibri et l'autruche.

LE COLIBRI.

La nature semble avoir pris plaisir à former la taille élégante du colibri, et à rassembler sur son plumage les plus belles couleurs dont elle a peint celui des autres oiseaux. Les nuances en sont délicates, et si bien ménagées que son coloris semble varier à chaque nouveau coup d'œil. Sa queue est composée de neuf plumes qui s'allongent en éventail, et les deux dernières sont deux fois plus longues que tout son corps. Le mâle porte sur sa tête une petite huppe, où sont réunies toutes les teintes qui brillent sur ses ailes. Ses yeux sont noirs et étincellent de vivacité. Son bec, de la grosseur d'une aiguille, est long et un peu courbé. Sa langue, qu'il en fait sortir bien au dehors, lui sert à pomper, jusqu'au fond du calice des fleurs, la rosée qui les baigne, ou à gober les petits insectes qui s'y réfugient. Il se nourrit aussi de la poussière des fleurs d'oranger, de citronnier et de grenadier, qu'il recueille en voltigeant comme un papillon, presque toujours sans y reposer. Son vol est si rapide qu'on entend cet oiseau plutôt qu'on ne le voit. Le mouvement de ses ailes produit un bourdonnement pareil à celui des grosses mouches. Il se balance comme elles dans l'air, et paraît quelquefois y rester immobile.

Dans les contrées où les fleurs n'ont qu'une saison, on dit qu'à la fin de leur règne il se tapit sur la branche d'un arbre, et y reste dans un état d'engourdissement jusqu'à leur retour; mais dans le pays où les fleurs se succèdent sans cesse, on a le plaisir de le voir toute l'année.

Il aime à suspendre son nid aux rameaux des orangers, qui ne ploient certainement pas sous la charge. Ces nids, dont la forme est celle d'une demi-coque d'œuf, sont construits avec des petits brins d'herbe sèche, et tapissés d'une espèce de coton très fine et très douce. La femelle ne pond que deux œufs de la grosseur d'un pois, qu'elle couve avec beaucoup de soin et de tendresse. Quand les petits sont éclos, ils ne paraissent pas plus gros que des mouches. Peu à peu ils se couvrent d'un duvet aussi léger que celui des fleurs, et bientôt après de plumes brillantes.

Lorsque le père et la mère s'éloignent pour aller chercher de la nourriture, certains oiseaux, qui sont très friands de la couvée, veulent profiter de cette absence pour saisir leur proie ; mais les parents sont toujours au guet ; ils reviennent prompts comme l'éclair, poursuivent intrépidement l'ennemi de leur jeune famille, et lorsqu'ils peuvent l'atteindre, ils ont adresse de se cramponner sous son aile, et le percent, avec leur bec affilé, de mille blessures.

La manière de les prendre est de leur jeter une poignée de gros sable lorsqu'ils volent à une petite portée, ce qui les étourdit, ou de leur tendre des baguettes enduites d'une glu luisante. Les petits friands y volent avec avidité ; mais leur langue, leurs ailes s'y empêtrent, et les chasseurs qui les épient les saisissent avant qu'ils aient pu se débarrasser.

Un voyageur raconte à leur sujet une histoire intéressante que vous ne serez sûrement pas fâchés d'apprendre, je le devine à votre attention à m'écouter.

Un de ses amis ayant pris un nid de ces oiseaux, les mit dans une cage à la fenêtre de sa chambre. Le père et la mère, qui voltigeaient de tous côtés pour les retrouver, ne tardèrent pas à les reconnaître, et ils venaient d'abord leur apporter à manger à travers les barreaux. Bientôt ils se rendirent assez familiers pour entrer librement dans la chambre, puis dans la cage, pour manger et dormir avec leurs petits. Ils prirent tant d'amitié pour le maître de la maison qu'ils allaient quelquefois tous quatre ensemble se percher sur son doigt, en criant *serep, serep, serep*, comme s'ils eussent été sur la branche d'un arbre. On leur faisait une bouillie de biscuit, de vin d'Espagne et de sucre. Ils venaient y passer légèrement leur langue, et quand ils étaient rassasiés ils voltigeaient dans la maison et au-dehors, revenant à tire d'aile au moindre son de la voix de leur père nourricier. Il les conserva de cette manière pendant cinq ou six mois, dans la douce espérance d'avoir bientôt de nouveaux rejetons de cette jolie famille ; mais ayant oublié un soir d'attacher la cage où ils se retiraient à un cordon suspendu au plancher, pour les garantir des rats, il eut la douleur de ne plus les retrouver le lendemain à son réveil.

On a trouvé le secret de leur conserver si bien, même après leur mort, le vif éclat de leurs couleurs, que les femmes du pays les portent à leurs oreilles en guise de girandoles. On fait aussi de leurs plumes de belles tapisseries et des tableaux charmants.

L'oiseau-mouche, ainsi nommé à cause de sa petitesse, est de l'espèce du colibri.

L'AUTRUCHE.

L'autruche tient, parmi les oiseaux, le même rang que l'éléphant parmi les quadrupèdes. Elle est la plus grande de toute la gent volatile. Sa hauteur égalerait celle de Henri sur son cheval. Son cou long est très allongé, sa tête fort menue, l'un et l'autre couverts de poils au lieu de plumes. Ses yeux sont presque aussi grands que les nôtres, relevés d'une paupière mobile, et garnis de cils. Son corps, dont la grosseur est loin de répondre à la grandeur de sa taille, est monté sur des cuisses sans plumes jusqu'aux genoux, et sur des jambes très hautes qui se terminent en pieds de corne semblables à ceux des chameaux, mais avec des griffes très fortes. La nature lui ayant donné des ailes trop courtes et des plumes trop molles pour pouvoir s'élever dans les airs, elle sait en user comme d'une voile pour accélérer sa course, aidée d'un vent favorable. Ses ailes sont armées, chacune à leur extrémité, de deux ergots qui lui servent de défense.

L'autruche est très vorace, et se nourrit de tout ce qu'elle rencontre ; c'est de là que l'estomac de l'autruche est passé en proverbe. Elle pond plusieurs fois l'année, et chaque fois douze à quinze œufs fort gros, qu'elle dépose dans le sable pour que le soleil les échauffe pendant la journée ; le soir, à son tour, elle se charge de ce soin dans les pays où les nuits sont froides. La coque des œufs acquiert avec le temps une si grande dureté qu'on la travaille comme l'ivoire, pour en faire des coupes très solides.

Ces oiseaux se réunissent dans les déserts en troupes nombreuses, qui, de loin, ressemblent à des escadrons de cavalerie. Leur chasse est un des plus grands plaisirs des seigneurs de la contrée. Ils les suivent montés sur des chevaux barbes de la plus grande vitesse, avec lesquels toutefois ils ne pourraient les atteindre s'ils n'avaient la précaution de les pousser contre le vent, et de lâcher à leurs trousses des lévriers pour leur couper le chemin et les arrêter un peu. Elles font des crochets dans leur fuite, comme les lièvres.

Les chasseurs emploient quelquefois une ruse plaisante pour les attaquer. Ils se revêtent d'une peau d'autruche, élèvent et réunissent leurs bras dans le cou, et le font jouer, ainsi que la tête et les autres membres des véritables autruches ; celles-ci approchent ou se laissent approcher sans défiance, et se trouvent prises à l'improviste.

La tête de ces oiseaux n'étant défendue que par un crâne très mince, c'est cette partie qu'ils cherchent à mettre en sureté, laissant le reste de leur corps à découvert. Toute leur force est dans leur bec, dans les piquants du bout de leurs ailes, et surtout dans leurs pieds. Ils peuvent renverser un homme d'une ruade. On prétend même qu'en fuyant ils lancent des pierres avec une extrême raideur.

Les autruches sont d'un naturel très sauvage. Cependant, à force de soins, on vient à bout de les apprivoiser, et de les monter comme un cheval. On a vu une jeune autruche porter deux nègres à la fois sur son dos, avec plus de rapidité que le plus léger coureur des courses de Vincennes.

Les plumes d'autruche se blanchissent et se teignent en diverses couleurs. On les prépare pour servir de parure à la coiffure des femmes, aux chapeaux des militaires et aux casques des acteurs sur le théâtre, comme aussi pour orner l'impériale des lits et les dais d'église. Les plumes des mâles sont les plus estimées parce qu'elles sont plus larges et plus épaisses, et qu'elles prennent mieux la couleur que celles des femelles.

Les plumes grisâtres qu'elles ont sous le ventre fournissent aux fourreurs des garnitures de robes et de manchons.

LES NIDS D'OISEAUX.

Regardez entre ces arbres, Charlotte. N'est-ce pas le petit Jules que je vois venir à notre rencontre? Oh! c'est bien lui, je le reconnais à ses gambades. Il me paraît, à cette allure, qu'il a des nouvelles agréables à nous annoncer. Il porte quelque chose. Qu'avez-vous donc là, mon enfant? Un nid d'oiseaux! Fi! comment, dérober à ces pauvres créatures ce qui leur a coûté tant de travail! Les petits, dites-vous, s'en étaient déjà envolés. A la bonne heure. Henri, prenez doucement ce nid dans votre main, regardez-le avec attention. Je vous dirai comment les oiseaux l'ont construit.

Deux d'entre eux sont convenus de vivre ensemble; car ils ne peuvent pas s'exprimer comme nous, ils savent fort bien se faire entendre l'un de l'autre. Ils ont prévu que le printemps leur donnerait des petits, et leur premier soin a été de leur bâtir d'avance une jolie habitation. Après avoir cherché sur les arbres ou dans les buissons l'endroit le plus propre à s'établir, ils ont commencé l'édifice par le dehors, entrelaçant avec leurs becs des brins de bois et de paille, et remplissant tous les vides avec de la mousse et du crin ramassés dans la campagne. Ensuite ils ont tapissé l'intérieur de légers flocons de laine, du duvet, des plumes et du coton. La femelle a pondu ses œufs sur ce lit douillet, et pendant quelques jours les a tenus constamment réchauffés de la douce chaleur de ses ailes, tandis que le mâle l'animait par ses caresses dans ces soins si tendres, ou que, perché sur une branche voisine, il la réjouissait de ses plus jolies chansons. Enfin les petits sont éclos. Aussitôt leurs parents pleins de joie se sont empressés de leur aller chercher de la nourriture, et sont revenus en la broyant dans leur bec. Les petits, entendant le bruit de leurs ailes, ont soulevé la tête, se sont mis à crier à l'envi : *chirp, chirp*, comme pour dire : à moi. Aucun, grâce à Dieu, n'en a manqué. Afin de les garantir des nuits, la mère a continué de les couvrir de ses plumes, et, dès l'aurore, le père a volé leur chercher une nouvelle nourriture. Ainsi se sont comportés ces tendres parents, jusqu'à ce qu'ils aient vu leurs petits en état de se soutenir sous leurs ailes. Alors ils les ont instruits à voltiger de branche en branche, puis à se hasarder un peu dans les airs. Enfin ils leur ont fait prendre l'essor, pour leur indiquer les endroits où ils trouveraient leur subsistance. C'est alors que leurs soins ont cessé ; leurs enfants n'en avaient plus besoin : ils sont déjà aussi habiles qu'eux-mêmes. Vous les verrez l'année prochaine construire aussi des nids à leur tour, et faire pour leur jeune famille ce que leurs parents viennent de faire pour eux.

Je sens toujours de l'indignation contre ceux qui vont lâchement dérober des nids d'oiseaux, lorsque je pense combien de voyages ont fait ces pauvres créatures pour rassembler tous les matériaux qui leur étaient nécessaires, et quelle a dû être la difficulté de leur travail, sans autres instruments pour bâtir que leur bec et leurs pattes.

Nous n'aimerions pas à être chassés d'une bonne maison bien close et bien commode, quoique peu d'entre nous eussent l'adresse d'en construire. Les fermiers, il est vrai, se trouvent dans la nécessité de détruire, autant qu'ils peuvent, quelques espèces d'oiseaux qui dévorent leurs récoltes. D'ailleurs il ne manque point d'oiseaux de proie, tels que les éperviers et les milans, pour leur faire une rude guerre. Ainsi je pense qu'ils ont assez d'ennemis, sans les petits garçons. Pour moi, je ferais volontiers le sacrifice d'une partie de mes fruits pour les payer de leur musique, et je ne voudrais pas tuer ce merle joyeux qui chante si gaîment dans le verger, même quand il devrait manger toutes mes cerises.

Vous avez un serin de Canarie dans votre cage, Charlotte ; j'espère que vous aurez soin de le tenir propre et de le bien nourrir. Il n'a jamais connu le prix de la liberté ; ainsi il n'éprouve point le regret de l'avoir perdue. Au contraire, si vous lui donniez la volée, il mourrait peut-être de faim, faute de la nourriture qu'il aime. De plus, il ne pourrait pas résister aux rigueurs de l'hiver, parce qu'il est d'une espèce qu'on a transportée d'un pays beaucoup plus chaud que le nôtre. Mais si vous preniez un pauvre oiseau accoutumé à voler dans les bois, à sautiller de branche en branche, à gazouiller dans les buissons, il commencerait d'abord à se tourmenter, à se frapper la tête contre les barreaux de la cage ; enfin, lorsqu'il verrait qu'il ne peut sortir, il irait se tapir tristement dans un coin, il refuserait de manger et de boire, jusqu'à ce que la faim et la soif l'y obligeassent à la dernière extrémité, et il mourrait peut-être avant que d'avoir pu s'accoutumer à sa prison.

J'ai connu un petit garçon, très bon enfant d'ailleurs, mais qui aimait tant les oiseaux qu'il se servait de tous les moyens pour en avoir. Un jour il venait de leur tendre des lacets et de leur dresser des trappes, lorsqu'on vint le chercher de la ville, de la part de sa maman ; il partit aussitôt, oubliant, dans l'étourderie de son âge, d'aller défaire ses pièges, ou d'en parler à personne dans la maison. Il ne revint qu'au bout de huit jours ; et la première nouvelle qu'il apprit fut qu'un pauvre roitelet avait été malheureusement écrasé sous une trappe, et qu'une fauvette s'était cassé la jambe dans les nœuds d'un lacet. Dites-moi, je vous prie, mon cher Henri, si vous n'auriez pas eu bien de la douleur, à sa place, d'avoir fait souffrir une fin si cruelle à deux si gentilles créatures, qui, loin de lui avoir fait aucun mal, avaient peut-être cent fois réjoui ses yeux par la légèreté de leur vol, ou charmé ses oreilles par la douceur de leur ramage ?

VI

LES ABEILLES.

La bonne Geneviève vient de nous apporter un rayon ou gâteau de miel nouveau. Vous allez en goûter, et vous le trouverez exquis. Vous rappelez-vous que, il y a deux mois environ, nous avons vu un essaim d'abeilles sortant d'une ancienne ruche ? Nicolas, qui les guettait depuis une demi-heure, ne les aperçut pas plus tôt en l'air que, se cachant le visage et les mains pour ne pas être piqué, il les fit s'abaisser sur un buisson en leur jetant de la poussière à pleines mains, et les mit ensuite dans une ruche vide qu'il avait préparée exprès. Eh bien ! voici une portion du travail qu'elles ont fait dans leur nouvelle demeure, et des provisions qu'elles y ont amassées.

Elles sont en très grand nombre dans leur habitation, quelquefois même jusqu'à trente mille et plus ; cependant il règne parmi elles le plus grand ordre : dans chaque ruche une principale abeille, que nous nommons la reine, maintient l'ordre et la propreté, ne souffre pas que les abeilles restent oisives, les envoie dans les champs, dans les jardins, dans les prairies et les bois, chercher la cire et le miel, dont elle règle l'usage. C'est elle qui veille à la construction des édifices de la ruche, à l'éducation des jeunes abeilles ; et quand cette jeunesse est en état de pourvoir à sa subsistance, elle les oblige à sortir de la ruche, sous la conduite d'une jeune reine de leur âge : c'est ce qui forme l'essaim dont je viens de vous parler.

Dès le jour que Nicolas a recueilli les jeunes abeilles dans la ruche, elles ont aussitôt, sans perdre un moment, travaillé à faire ces petites cellules que vous voyez, et qui sont en cire, jaune quand elle sort des ruches, et qui sert à donner au bois des meubles, au plancher, le luisant et la propreté. Elle entre dans la composition des onguents que l'on met sur les blessures ; et quand on la fait blanchir, on l'emploie à faire la bougie qui nous éclaire, les cierges que vous voyez dans l'église, et mille autres choses très utiles.

Vous souvenez-vous, Henri, qu'hier soir, ayant mis votre petit nez au milieu d'un lis pour en sentir l'odeur, vous l'avez retiré tout couvert d'une poussière jaune? eh bien ! c'est avec ces petits grains de poussière que les abeilles font leurs cellules de cire ; elles les trouvent en très grande abondance sur les lis ; il y en a moins dans les autres fleurs simples, et point dans les doubles. Pendant que la construction avance, d'autres abeilles vont sur les fleurs recueillir le miel qui se trouve au milieu du calice des fleurs simples, et sur les feuilles de certains arbres : elles l'apportent dans leur petit estomac, et le dégorgent dans les cellules, qu'elles ferment avec de la cire quand elles les ont remplies.

Ces provisions leur servent pour se nourrir pendant les jours qu'elles ne sortent pas, à cause des pluies et des froids ; et comme elles travaillent continuellement, elles en amassent plus qu'il ne leur en faut ; c'est leur superflu que Nicolas leur a ôté, et dont on vient de nous apporter une partie.

A présent ouvrons ces petites cellules : voyez comme le miel est pur ! Vous le trouvez bon, mes enfants ; j'en suis charmée. Charlotte, vous voulez voir ces abeilles près de leur ruche ; eh bien ! mes amis, je vous y mènerai ; mais je vous préviens que leur piqûre fait mal. J'ai vu un petit garçon de l'âge de Henri, qui, après avoir fouetté sa toupie, s'approcha d'une ruche ; et comme les abeilles étaient tranquilles, il y introduisit le manche du fouet, en le remuant avec vivacité ; les abeilles en fureur sortirent et se jetèrent sur lui : il fut bien piqué, et s'enfuit en jetant des cris ; il souffrit beaucoup, et personne ne le plaignit, parce qu'il s'était attiré ce malheur.

S'il se fût approché des abeilles avec tranquillité, et sans les effaroucher, il eût pu les regarder sans le moindre danger.

Venez, mes amis, nous allons les voir ; vous les craignez parce qu'elles font beaucoup de bruit, c'est ce qui a lieu les jours de beau temps, depuis midi jusqu'à trois heures, parce que les abeilles sortent en grand nombre pour se récréer et prendre l'air.

Les petites abeilles que vous voyez sont les ouvrières de la ruche, les travailleuses ; ce sont elles qui construisent les édifices en cire, comme celui que vous a apporté la bonne Geneviève ; ce sont elles qui vont chercher le miel, qui entretiennent la proprêté dans la ruche, qui veillent à la porte pour en défendre l'entrée ; elles gardent aussi la reine, qui ne sort point. Ces grosses mouches noires, qui font beaucoup de bruit en volant, sont les papas de la ruche. Vous me demandez, Charlotte, pourquoi ces papas font tant de bruit en volant. Vous trouvez que leur chant n'est pas agréable. Mes amis, ce bourdonnement ne sort pas de leur bouche ; les abeilles et toutes les mouches que nous voyons, ont sous les ailes de petits trous par où l'air entre dans leur corps et en ressort ; c'est l'agitation de leurs ailes sur ces petits trous qui cause le bourdonnement que nous entendons ; c'est comme la toupie d'Allemagne de Henri. Cette toupie creuse est percée d'un petit trou ; plus elle tourne vite, plus le bourdonnement est fort · aussi plus les mouches agitent leurs ailes, et plus elles sont grosses, plus le bourdonnement est considérable.

Il y a d'autres espèces d'abeilles qui ne vivent pas en commun comme celles-ci ; on les nomme *abeilles solitaires;* telle que l'abeille *perce-bois*, qui fait des trous dans les morceaux de bois et s'y loge ; l'abeille *maçonne*, qui fait son nid avec de la terre humectée ; la *cardeuse*, la *coupeuse de feuilles*, la *tapissière*, et beaucoup d'autres espèces, les œuvres du créateur étant variées à l'infini. Vous me demandez, Charlotte, pourquoi on appelle une espèce *abeille tapissière?* C'est, mes amis, parce qu'elle tapisse sa petite demeure ; et voici comment elle s'y prend :

Elle fait un trou dans la terre, de la profondeur d'un des doigts de Henri ; elle va ensuite chercher de la fleur de coquelicot. et commence par tapisser l'entrée avec un petit rebord, de manière que l'on voit un petit trou dans la terre entièrement bordé de rouge ; elle retourne chercher de la même fleur, et tapisse tout l'intérieur en descendant ; enfin elle tapisse le fond : cette opération finie, elle dépose ses œufs dans le trou, avec une pâtée de miel pour la nourriture de ses petits quand ils écloront ; enfin elle détache les bords extérieurs de sa tapisserie, les pousse dans le trou, les recouvre de la terre qu'elle bat pour l'affermir ; rien n'est plus admirable.

PAPILLONS, CHENILLES ET VERS A SOIE.

Après quoi donc courez-vous si vite, Henri ? Oh ! c'est un papillon ! Vous l'avez attrapé ! ne serrez pas vos doigts. Vous croyez peut-être avoir pris un petit oiseau qui n'a fait que voltiger toute sa vie ? Non, non, il n'en est pas ainsi. Tel que vous le voyez, si leste et si brillant, il n'y a que peu de jours qu'il rampait à terre sous la forme d'une chenille hideuse. En voici une. Regardez-la de tous vos yeux. Découvrez-vous sur son corps rien qui ressemble à des ailes ? Non sans doute. Eh bien ! cependant elle viendra papillonner un jour autour de cette fleur sur laquelle vous la voyez se traîner si pesamment aujourd'hui.

On compte plusieurs espèces de chenilles ; mais je ne vous parlerai que des vers à soie, parce que c'est l'espèce dont l'histoire est la plus curieuse et la plus intéressante pour nous.

Les vers à soie, avant leur naissance, sont renfermés en de petits œufs que l'on conserve dans un lieu sec jusqu'au retour du printemps. Alors on les expose à une chaleur douce, et l'on en voit sortir de petits vers grisâtres que l'on met soudain sur des feuilles détachées d'un arbre qu'on appelle mûrier, qu'ils aiment de préférence pour leur nourriture. Ils grossissent fort vite, car aussitôt qu'ils sont nés ils se mettent, d'un grand appétit, à manger de ces feuilles, et ils mangent tout le long de la journée. Au bout de neuf à dix jours leur peau se détache de leur corps, et ils paraissent beaucoup moins hideux avec leur robe nouvelle. Ils en changent trois fois encore, de sept jours en sept jours, et à la dernière ce sont de jolis vers très blancs, à peu près de la longueur et de la grosseur de l'un de vos doigts. Ils commencent bientôt à devenir jaunâtres et transparents, leur corps grossit et se ramasse, et ils cessent absolument de manger : c'est le temps où ils se disposent à se mettre à l'ouvrage. Ils grimpent le long des petits brins de genêt ou de bruyère qu'on plante autour d'eux en forme d'arcade, et attachent d'abord, de tous côtés, des soies qu'ils filent un peu grosses, pour y suspendre leur coque. Ils en forment l'extérieur avec une espèce de bourre qu'on nomme fleuret, puis au-dessous de cette enveloppe grossière ils commencent leur véritable coque, en appliquant des fils plus déliés à cette bourre, qu'ils foulent continuellement avec leur tête pour donner à l'intérieur de leur édifice une forme ronde, et de la capacité d'un œuf de pigeon. Dès le premier jour, ils se dérobent entièrement à l'œil, sous l'épaisseur de leur travail, mais la besogne n'est pas encore achevée. Il leur faut un ou deux jours de plus pour terminer en-dedans leur ouvrage. Le dernier tissu qui les environne immédiatement est le plus difficile ; car il est plus serré que l'étoffe la mieux fabriquée.

C'est de ces coques, appelées ordinairement cocons, que l'on tire d'abord le fleuret qui sert à faire la filoselle ; ensuite la soie employée dans nos ameublements et dans nos habits. Si nous venions à perdre ces insectes, il n'y aurait plus ni taffetas, ni satin, ni velours.

Pour retirer la soie, on jette dans l'eau bouillante tous les cocons, excepté ceux que l'on réserve pour avoir des œufs, comme je vous le dirai tout à l'heure. Les personnes accoutumées à ce travail en ont bientôt trouvé le premier bout. Elles sont obligées de joindre plusieurs brins ensemble, pour en faire un d'une grosseur raisonnable, et elles le dévident sur de petites bobines. Croiriez-vous que chacun de ces fils a près de mille pieds de longueur?

Je vous ai dit que l'on mettait à part les cocons destinés à donner des œufs. Si vous en ouvrez un avec des ciseaux, que pensez-vous que l'on trouve au-dedans? un ver à soie? Oh! non, rien qui y ressemble du tout. On n'y trouve plus qu'une chrysalide, c'est-à-dire un corps sans tête ni pattes qu'on puisse voir. Vous le prendriez pour une fève desséchée. Cependant, si vous touchez une de ses extrémités, vous le voyez se remuer un peu; ce qui annonce qu'il n'est pas mort. En effet, là-dessous est un papillon bien emmailloté qui déchire ses langes au bout de vingt jours, perce lui-même sa coque, et en sort avec deux yeux noirs, quatre ailes, de longues jambes, et un corps couvert d'une espèce de plumes. Le mâle et la femelle font aussitôt leur petit ménage, et lorsque celle-ci a pondu ses œufs, au nombre de quatre ou cinq cents, ils meurent l'un et l'autre, laissant pour l'année suivante une nombreuse famille propre à leur succéder.

Vous voudriez élever des vers à soie, Charlotte? Je serai bien aise que vous puissiez étudier de vos propres yeux les merveilles opérées par la nature dans les métamorphoses et le travail de ces insectes. Je vous laisserai volontiers la satisfaction d'en élever quelques-uns, et je me charge de vous instruire alors de tous les soins qu'ils demandent. Leur éducation entraîne beaucoup d'embarras dans les pays où l'inconstance des saisons exige qu'ils soient continuellement renfermés dans de grandes chambres. Il est des pays, au contraire, où ils naissent sur les mûriers, se nourrissent d'eux-mêmes, et filent parmi les feuilles. Ce doit être un joli coup d'œil de voir ces cocons briller comme des prunes d'or et d'argent, au milieu de la douce verdure.

Les différentes espèces de papillons sont très nombreuses : le nombre des espèces de chenilles est aussi grand, puisqu'il n'est pas un papillon qui n'ait été chenille puis chrysalide, avant de prendre des ailes, comme je viens de vous dire du papillon du ver à soie, qui n'est lui-même qu'une chenille.

Une chose bien digne de notre admiration, c'est l'instinct que la nature donne à toutes les chenilles de se former une retraite pour le temps où l'état immobile de chrysalide les exposerait sans défense à leurs ennemis. Les unes, à l'exemple des vers à soie, filent des coques impénétrables où elles s'enveloppent ; les autres se creusent sous terre de petites cellules bien maçonnées ; celles-ci se suspendent par les pieds de derrière ; celles-là se lient par une espèce de ceinture qui les embrasse et les soutient. C'est ainsi que, sous une apparence de mort extérieure, tout leur corps travaille, pour certaines espèces même pendant plus d'une année, à prendre la nouvelle forme qui doit renouveler leur existence, en les faisant passer de la condition d'un ver obscur qui rampe sous nos pieds à celle d'un oiseau brillant qui voltige au-dessus de nos têtes.

Les variétés qu'on remarque entre les papillons les ont fait partager en plusieurs classes : l'histoire de chacune offre des particularités fort curieuses. Ces insectes, qui, sous leur première forme ne nous inspiraient que du dégoût et de l'horreur, deviennent, sous leur forme nouvelle, les objets de notre admiration, et nous inspirent même en leur faveur une sorte d'intérêt. L'éclat des couleurs dont leurs ailes sont peintes ; les sucs délicats dont ils se nourrissent ; le bonheur dont ils semblent jouir dans le court espace de leur vie, les métamorphoses par lesquelles ils sont parvenus à cet état ; tout en eux réveille des idées gracieuses, et excite la curiosité sur une destinée aussi singulière. J'espère que vous goûterez un jour autant de plaisir que moi-même à vous instruire de tous ces détails intéressants.

Je vous aurais encore parlé de plusieurs autres animaux dont l'histoire nous offrirait mille particularités admirables, tels que les castors, les fourmis, etc. ; où pourrais-je m'arrêter, si je cherchais à vous peindre tous ceux qui doivent intéresser par leur instinct, leur forme et leur industrie ? Ces détails m'entraîneraient trop loin des limites que je me suis tracées. C'est à regret que je me borne à vous les annoncer pour être un jour l'objet continuel de vos études et de vos plaisirs. Ce que je ne cesserai jamais de vous dire, c'est que, lorsque vous aurez pris du goût pour ces connaissances, rien ne pourra jamais vous paraître indifférent dans la nature.

Malgré la quantité prodigieuse d'animaux que nos yeux peuvent découvrir, il en est sans doute un plus grand nombre encore de ceux que leur petitesse dérobe à notre vue. Toutes les feuilles des arbres, des plantes et des fleurs sont peuplées d'une infinité d'insectes invisibles ; il n'est peut-être pas un grain de sable qui ne soit un monde pour ses habitants. Qui sait si un ciron n'est pas un éléphant aux yeux d'une espèce inférieure ? Voici un microscope, c'est-à-dire un instrument qui grossit les objets comme le télescope les rapproche. Charlotte, allez-moi, je vous prie, chercher ce vinaigre que je tiens, depuis quelques jours, exposé au soleil. Je vais en mettre ici une goutte. Approchez-vous et voyez. Doucement, Henri, ce n'est pas tout d'être philosophe, il faut encore être poli : laissez regarder votre sœur la première. A votre tour maintenant. Eh bien ! ne découvrez-vous pas une multitude de petits animaux qui s'agitent avec une extrême vivacité ? Vous voyez, par cet exemple, qu'une recherche attentive peut nous faire pénétrer chaque jour de nouvelles merveilles. Quand notre vie serait cent fois plus longue, nous ne viendrions jamais à bout de découvrir tout ce qui est digne de notre curiosité.

Que dit votre frère, Charlotte ? qu'il souhaiterait que ses yeux fussent des microscopes ? Hélas ! mon cher enfant, vous ne savez guère ce que vous désirez. Si vos vœux étaient accomplis, vous verriez, il est vrai, des choses très surprenantes ; mais aussi ce que vous regardez maintenant avec plaisir deviendrait pour vous un objet de dégoût et d'horreur. Un homme vous paraîtrait si grand que vous ne pourriez voir à la fois qu'une partie de sa taille, un bœuf vous semblerait plus haut qu'une colline ; vous prendriez un ruisseau pour une rivière, un chat pour un tigre, une souris pour un ours : vous seriez continuellement exposé à des méprises ridicules ou dangereuses. Croyez-moi, contentez-vous de ce que vos yeux peuvent vous faire aisément connaître ce qui vous est utile ou nuisible ; aidez-vous des instruments inventés pour suppléer à leur faiblesse dans les objets de pure curiosité ; et surtout restez convaincu, à l'exemple de Frédéric et de Maurice, que *l'homme est bien comme il est*, pour jouir de tout le bonheur qu'il peut goûter sur la terre.

VII

LA TERRE.

Entrez, entrez, Henri. Approchez-vous, Charlotte. J'ai de grandes choses à vous expliquer aujourd'hui. Regardez ce globe. Savez-vous quel en est son usage ? Oh ! non, j'imagine. Eh bien ! le croirez-vous ? si petit qu'il soit, il représente toute la terre.

Lorsque vous étiez plus jeunes encore, vous pensiez peut-être que le monde ne s'étendait pas au-delà de la ville que vous habitez, et que vous aviez vu tous les hommes et toutes les femmes qui le peuplent. A présent vous êtes un peu mieux instruits, car je crois vous avoir dit qu'il y a des millions de millions d'autres créatures semblables à nous. En vous promenant dans la ville, vous avez été surpris de la multitude d'habitants qui se pressent en foule le long des rues, comme des abeilles dans une ruche, aussi nombreux et affairés ; ce n'est pourtant que la moindre partie de ceux qui couvrent la surface de la terre.

La terre est un globe énorme : celui que nous avons sous les yeux n'en est qu'une espèce de miniature. Vous y voyez une infinité de lignes droites ou tortueuses tracées sur toute sa rondeur, et peintes les unes en vert, etc. C'est pour distinguer les divers États, comme les haies dans les champs distinguent les possessions des divers particuliers.

Il n'était pas plus possible de retracer entièrement toutes les parties de la terre sur ce globe qu'il ne l'était au peintre de faire entrer toute la grandeur du visage de votre maman sur le tableau que je porte dans mon bracelet. Vous voyez cependant que le portrait lui ressemble ; et on aurait pu le faire encore plus petit.

On pourrait de même, en réduisant ces lignes, les retracer sur une orange ; en les réduisant un peu plus, sur un abricot ; et toujours ainsi en diminuant, sur une prune, une cerise, un grain de raisin. Allons plus loin encore. Voici un pois. Vous voyez combien il est plus petit que le globe ? cependant nous pourrions, avec autant d'adresse que ce graveur qui grava plusieurs mots sur un grain de millet, figurer en raccourci, sur ce pois, les grandes places jaunes, vertes, rouges, qu'on appelle France, Angleterre, Allemagne, etc., assez bien pour montrer quels sont les contours de ces pays, et leur situation l'un par rapport à l'autre.

De la même manière que ce pois ressemblerait au globe, le globe ressemble à celui de la terre.

La surface de la terre n'est pas unie comme celle de ce globe : elle est hérissée de hauteurs, de collines et de montagnes. Mais quoiqu'elles nous paraissent très élevées, et qu'elles le soient effectivement pour d'aussi petites créatures que nous le sommes, elles n'altèrent pas plus la rondeur de la terre que des grains de sable posés sur ce globe n'en pourraient altérer la rondeur. C'est pourquoi nous disons toujours qu'elle est ronde, malgré ses inégalités.

LA MER.

Tout ce que nous appelons le monde n'est pas composé d'une matière solide comme le sol que nous foulons à nos pieds. Entre les différentes parties de la terre il y a des places creuses et remplies d'eau. Les plus grandes que vous voyez répandues çà et là sur le globe sont appelées océans ou mers. Il y en a de moins étendues qu'on appelle lacs ou étangs. Elles ont cela de commun qu'elles sont toujours renfermées entre les mêmes bords. Il y en a d'autres, au contraire, tels que les ruisseaux, les rivières et les fleuves, qui changent sans cesse de rivage, c'est-à-dire qu'ils ont un écoulement qui leur fait successivement parcourir différents pays. Ce ne sont d'abord que des fontaines et des filets d'eau qui jaillissent de la terre. Sitôt qu'ils commencent à prendre un certain cours, on les appelle ruisseaux. Ces ruisseaux, dans leur route, se réunissent à d'autres ruisseaux, et forment ce qu'on appelle une rivière. Les rivières, en continuant de courir, reçoivent dans leur sein d'autres rivières ou ruisseaux, et vont se décharger dans les fleuves, qui vont à leur tour se décharger dans la mer.

Vous voyez que la plus grande partie du globe est occupée par les eaux. Supposons que Henri aille déterrer une fourmilière et la porte sur ce globe, elle pourrait servir à représenter les peuplades qui habitent la terre. Comme il n'y a de l'eau qu'en peinture sur le carton, les fourmis seraient libres d'aller par le chemin qu'elles voudraient. Mais si ces endroits étaient creusés à une grande profondeur, et qu'ils formassent des rivières et des mers véritables, comment pourraient-elles aller à travers ces grands espaces d'eau? Il en est de même à notre égard : nous n'aurions jamais pu atteindre ces lieux dont la mer nous sépare, si l'imagination et l'industrie n'étaient venues à notre secours.

Je me plais à imaginer que c'est à des enfants peut être que nous devons la première idée de la navigation.

Le premier qui, en jouant sur le rivage, vit une écorce d'arbre flotter sur un ruisseau, prit un long bâton pour l'arrêter au passage. En cherchant à l'attraper, il vit que l'écorce ne s'enfonçait dans l'eau que par une certaine pression. Lorsqu'il s'en fut saisi, il y mit des cailloux, de l'herbe, tant que l'écorce put en porter sans couler à fond. Il la suivit un moment des yeux, et courut plein de joie chercher son papa, pour le rendre témoin de cette nouveauté. Celui-ci, en se promenant le lendemain, trouva un arbre énorme dont le tronc était creusé par les ans. Il le dépouilla de ses branchages et de ses racines, et le jeta dans l'eau, où il le vit se soutenir à merveille. Peu à peu il eut le courage d'y entrer. Après quelques essais le long du rivage, il imagina, avec l'aide de deux perches pour se diriger, de traverser le ruisseau. Cette écorce ne résista pas longtemps aux secousses qu'elle essuyait; en abordant sur la plage, elle se fendit, et le pauvre navigateur courut risque de se noyer. Il comprit alors qu'il lui fallait un bateau plus solide, et il se mit à creuser le tronc d'un arbre dépouillé de son écorce, pour naviguer avec plus de sûreté. Dans le même temps, sans doute, à la vue de quelques branchages flottants sur les ondes, on eut l'idée de lier plusieurs pièces de bois ensemble pour en former ce qu'on appelle un radeau, comme ces trains de bois qu'on amène sur la rivière à Paris. En les comparant l'un avec l'autre, on vit que le tronc d'arbre était trop petit pour un homme et son équipage, et que la moindre vague, en s'élevant sur le radeau, mouillait toute la cargaison. On chercha le moyen de réunir les avantages de l'un et de l'autre, en évitant les inconvénients auxquels chacun était sujet : et comme les arts et les instruments s'étaient perfectionnés dans cet intervalle, on imagina de dégrossir les pièces de bois qui formaient le radeau, de les courber, et de les réunir ensemble par des chevilles, sous la forme d'un tronc d'arbre creusé. C'est ainsi que fut construit le premier canot, qui fut d'abord bien petit sans doute. On l'agrandit peu à peu, selon la largeur des rivières qu'on avait à traverser. Mais de ces frêles bâtiments, à peine capables de porter quatre ou cinq hommes, qu'il y avait loin encore à un vaisseau de guerre qui porte douze à quinze cents hommes avec leurs provisions pour six mois, des munitions immenses, avec tout l'attirail des cordages et des voilures ! Comme vous n'avez pas vu de vaisseau de guerre, je ne puis vous donner une idée de cette différence qu'en vous priant de comparer la guérite de la sentinelle qui est à la porte des Tuileries avec ce superbe château.

Imaginez-vous, mes amis, quelle fut la surprise de l'homme qui, descendant le fleuve dans un petit esquif, parvint à son embouchure, c'est-à-dire à l'endroit où le fleuve se jette dans la mer.

Transportez-vous un instant vous-mêmes sur ses bords, dans votre pensée : voyez ces vagues immenses, roulant l'une sur l'autre à grand bruit, s'avancer avec majesté sur le rivage, et le couvrir de flots blanchissants d'écume. Vous avez vu cet étang qui est dans le voisinage : il a assez de profondeur pour qu'un homme qui marcherait sur le fond eût de l'eau par-dessus sa tête. Mais cet étang, en comparaison de la mer, est moins encore qu'une goutte d'eau en comparaison de l'étang. Regardez sur le globe quel espace elle y occupe. Mesurez en même temps des yeux les plus vastes contrées ; vous verrez que la mer est beaucoup plus étendue. En quelques endroits elle est si profonde que la plus longue ficelle, avec un plomb au bout, n'en peut atteindre le fond. Ainsi tâchez de vous représenter quelles idées d'admiration et d'effroi durent saisir cet homme au premier coup d'œil. Il s'imagina sans doute que cette masse d'eau formait les dernières barrières de la terre. Comme le vent soufflait en ce moment avec violence, il conçut sans peine que sa petite chaloupe serait bientôt abimée sous les flots. Il résolut, avec ses compagnons, d'en construire une plus grande pour suivre du moins la mer le long de ses rivages. La navigation fut longtemps bornée à ces courses timides ; mais de jour en jour les vaisseaux acquéraient plus de perfection. Enfin un homme d'un génie plus hardi que les autres se persuada qu'au-delà de ces vastes mers, il y avait d'autres terres, et il forma le dessein de les visiter. Il partit, et il eut la satisfaction de se convaincre par lui-même de la réalité de ses espérances. D'autres après lui entreprirent d'aller plus loin encore. Croiriez-vous que, dans leur course, ils passèrent par un point du monde qui se trouve exactement sous nos pieds, à la distance de toute l'épaisseur du globe de la terre ? vous me regardez d'un air ébahi. Rien de plus vrai pourtant, et j'espère avant la fin de nos entretiens vous rendre la chose sensible.

Contentez-vous maintenant de croire, sur ma parole, que l'on peut faire sur un vaisseau le tour

tour du monde. Je vais vous donner une idée de ce qui est nécessaire pour une expédition de long cours.

Avant de venir à la campagne, je vous ai montré en petit, chez un machiniste, le modèle d'un vaisseau avec ses mâts, ses voiles et ses cordages, dont on vous a fait le détail. Vous en avez suivi la description avec trop de curiosité pour que je puisse croire que vous en ayez déjà perdu le souvenir. D'ailleurs vous avez fait une fois le voyage d'Auteuil par la galiote de Saint-Cloud, ce qui est à votre âge un fort joli commencement de navigation.

Si le vaisseau n'est pas nouvellement construit, avant de s'embarquer on commence à le réparer à neuf, c'est-à-dire à faire entrer de force, entre les jointures des planches qui le doublent, de grosse filasse qu'on nomme étoupe, et à le bien enduire de poix de goudron, pour le rendre impénétrable à l'eau, qui pourrait le faire couler à fond si elle entrait par ces fentes. Il faut que les mâts soient bien solides et les voiles en bon état, pour résister à la force des vents. Alors on porte dans le vaisseau une grande quantité de biscuit bien sec, au lieu de pain qui se moisirait bientôt, plusieurs tonneaux d'eau douce, parce que l'eau de mer est trop amère pour qu'on puisse la boire ; enfin des barils de viande salée, attendu que la viande fraîche ne tarderait guère à se corrompre, et qu'on ne trouve point de boucherie sur la route. On emporte des légumes secs pour faire la soupe des matelots durant toute la traversée.

Un vaisseau marchand, outre ces provisions de bouche, prend encore une cargaison, c'est-à-dire des denrées et des marchandises qu'on se propose de vendre dans les pays étrangers, ou d'y échanger contre les productions de l'endroit. C'est ainsi que nous envoyons en Amérique du vin, de la farine, des toiles, des étoffes, etc., et que nous en rapportons du sucre, du café, du coton, que vous connaissez à merveille, et de l'indigo, qui sert à faire des teintures en bleu.

Les vaisseaux doivent aussi emmener un certain nombre d'hommes, les uns plus, les autres moins, à proportion de leur grandeur. Ces hommes s'appellent matelots; et ils ont toujours beaucoup d'ouvrage à faire sur le bord, surtout dans les temps orageux. Représentez-vous en effet un pauvre navire ballotté par la mer en furie, dont les vagues s'élèvent de la hauteur d'une maison, et semblent le lancer dans les airs, pour le précipiter ensuite dans les abîmes; représentez-vous ses voiles déchirées, ses mâts brisés, ses cordages rompus : c'est alors que les matelots ont une terrible besogne ! Les uns sont occupés à faire jouer la pompe pour vider l'eau qui est entrée dans le vaisseau; les autres grimpent sur des échelles de corde jusqu'au bout des mâts, pour baisser les voiles, de peur que la tempête ne fasse renverser le navire ou ne le pousse contre les rochers, qui le briseraient comme un verre. Vous mourriez, j'en suis sûre, de frayeur dans cette occasion. Mais les marins, avec du courage et de la présence d'esprit, se jouent en quelque sorte de ces bourrasques. Ils veillent surtout à conserver leur gouvernail, cette grosse pièce de bois qui descend dans l'eau le long du derrière du navire, comme une espèce de queue, et qui, tournée à droite ou à gauche, lui fait changer de direction, comme vous voyez ces poissons rouges, enfermés dans un bocal sur ma cheminée, se servir de leur queue pour tourner à leur volonté d'un côté ou de l'autre.

Vous auriez de la peine à croire que les matelots craignent presque autant que la tempête l'état opposé de la mer, c'est-à-dire un calme profond. Dans cette situation, les ondes que je vous ai peintes tout-à-l'heure si enflées et si turbulentes sont tranquilles et unies comme une glace, les voiles tombent aplaties le long des mâts, la mer semble dormir et le vaisseau immobile est comme un tombeau qui renfermerait des êtres vivants. On dirait que les matelots si actifs et si vigoureux sont frappés d'un engourdissement léthargique. Vous auriez pitié de les voir, les bras croisés sur le pont, se livrer au dégoût et à l'ennui. Mais aussi quelle joie lorsque le vent recommence à s'élever, que les voiles se renflent, que la mer s'agite, et que d'un cours heureux ils s'avancent vers le port, objet de leur désir! Déjà le capitaine, sa lunette en main, cherche le rivage. Les mousses, perchés au plus haut du vaisseau, le sollicitent avidement des yeux. Enfin un cri s'élève : Terre! terre! Toutes les fatigues, tous les dangers sont oubliés. On s'embrasse, on presse la manœuvre, on entre dans le port, et l'on en prend possession en y jetant, au bout d'un long câble, une grosse pièce de fer nommée ancre, dont les deux bras recourbés en crochets s'attachent au fond de la mer, et qui, par ce moyen, retient le vaisseau dans l'endroit où il vient de s'établir. On se précipite alors dans une chaloupe, et on aborde la terre, que la plupart baisent de joie, comme après une longue absence vous embrasseriez votre maman.

Mais je viens de vous peindre le vaisseau déjà parvenu au terme de son voyage, tandis que nous l'avons laissé dans les préparatifs de son départ. Il est temps d'aller le rejoindre, de peur qu'il ne s'esquive à notre insu. Aussitôt qu'il a reçu toutes ses provisions et toutes ses marchandises, et qu'il est prêt à mettre à la voile, le capitaine et les matelots n'ont plus qu'à attendre un bon vent pour partir. Je pense qu'il faut d'abord vous apprendre ce que c'est qu'un bon vent. Allons un peu dans le jardin. Il est midi. Plaçons-nous en face du soleil. De cette manière votre visage est tourné vers le midi, et vous tournez le dos au nord ; à votre main droite est l'ouest, et l'est à votre gauche. Or, vous sentez que, lorsque le vent souffle devant vous, il tend à vous pousser en arrière. Vous en avez fait mille fois l'observation par votre cerf-volant. Mais il ne souffle pas toujours du même endroit. De quel côté souffle-t-il à présent, Henri ? Tirez votre mouchoir, prenez-en deux bouts dans vos mains, écartez vos bras. Voyez-vous ? le vent le fait renfler et le pousse contre votre corps et contre vos jambes. Vous êtes tourné vers le midi ; le vent vient donc du midi. Rentrons maintenant, et retournons à notre globe. Voici les quatre points que je vous ai fait remarquer : Midi, Nord, Est, Ouest. Lorsque le vaisseau veut aller dans un pays qui est au nord, il faut qu'il ait un vent du midi, qu'on appelle ordinairement du sud, pour le pousser de ce côté ; car si le vent venait du nord, il lui serait impossible d'aller vers cet endroit ; en sorte qu'un voyage devient quelquefois plus long qu'il aurait dû l'être par l'inconstance des vents, qui changent d'un point à l'autre, et qui obligent par conséquent le vaisseau de changer de direction. Ne croyez pas toutefois qu'on soit obligé de retourner sur ses pas pour chaque variation du vent : l'art de la navigation apprend aux marins une méthode de gouverner le vaisseau qu'on appelle louvoyer, et qui consiste à courir en zigzag, tantôt à droite, tantôt à gauche, en s'approchant par degrés du lieu où l'on tend ; au lieu qu'un vent favorable y porterait toutdroit, sans avoir besoin de cette pénible manœuvre.

C'est une chose bien surprenante, mais qui n'en est pas moins vraie, que, dans quelques parties de la mer, le vent souffle constamment chaque année des mois entiers du même côté ; ce qui facilite extrêmement aux vaisseaux le moyen d'atteindre leur destination : puis après quelques jours, souvent même un mois de calme, le vent change, et souffle précisément du point opposé ; ce qui ramène les vaisseaux à pleines voiles aux lieux d'où ils sont partis. Vous comprenez bien que les marins s'arrangent en conséquence, et qu'ils savent profiter tour à tour de ces directions contraires. On appelle ces vents moussons, ou vents de commerce. Les flèches peintes sur le globe indiquent les endroits particuliers vers lesquels ils soufflent.

Lorsque le vaisseau est en pleine mer, on est fréquemment des mois entiers sans voir autre chose autour de soi que le ciel et l'eau. Transportez-vous, par exemple, au milieu de la grande mer du Sud. La terre, de tous côtés, en est éloignée, et il n'y a point de traces marquées sur la surface des eaux pour montrer le chemin le plus court vers l'endroit où l'on veut aller. Mais ceux qui ont fait ces voyages ont tenu le compte le plus exact qu'il leur a été possible des rochers qu'ils ont évités, des petites îles qu'ils ont rencontrées, et d'autres particularités qui servent à ceux qui viennent après eux de règle pour se diriger. On a rassemblé toutes les observations faites sur les différentes parties de la mer, et, d'après elles, on a formé des tableaux appelés cartes marines, dont tous les vaisseaux ont soin de se pourvoir. En consultant ces cartes, ils trouvent le moyen d'éviter les rochers, les bancs de sable, les gouffres, et tous les autres dangers que l'on doit craindre dans cette partie.

Malgré ces secours, on serait encore bien embarrassé si l'on n'avait la précaution d'emporter une boussole. Vous allez me demander ce que c'est : je ne demande pas mieux que de vous le dire. C'est un instrument qui a l'air d'un cadran de pendule, excepté qu'au lieu des heures, on a mis les points Est, Ouest, Nord, Sud, et tous ceux qui se trouvent entre ces principaux. Dans le milieu s'élève un petit pivot sur lequel est légèrement suspendue une aiguille qui, étant dans un parfait équilibre, a la liberté de se mouvoir tout autour du cadran. On frotte l'aiguille avec une pierre d'aimant, ce qui lui donne la singulière propriété de tourner toujours sa pointe vers le nord. De cette manière, quand on regarde la boussole, on peut toujours voir de quel côté le nord se trouve, diriger son vaisseau en conséquence, soit qu'on veuille aller vers ce point, ou s'en éloigner.

Puisque je vous ai parlé de l'aimant, il faut bien que je cherche à vous le faire connaître. C'est une espèce de pierre qui ressemble au fer, et qu'on trouve dans les mines avec ce métal. Il attire à lui le fer et l'acier, et se les attache étroitement. Si vous le frottez contre de l'acier ou du fer, il leur communique sa vertu, quoique dans un moindre degré de force. Vous verrez un jour des expériences très curieuses à ce sujet. En attendant, en voici une petite pierre. Seriez-vous curieux de voir l'effet qu'elle produit sur mes aiguilles? Fort bien. Je vais renverser mon étui sur la table. Les voilà immobiles. Approchez-en l'aimant. Hé! hé! voyez-vous comme elles s'agitent? on dirait qu'elles sont vivantes. N'ailez pas le croire, au moins : elles n'ont ce mouvement que parce que l'aimant les attire. Elles seraient parfaitement tranquilles hors de son approche.

Je vous ai dit que l'aimant communiquait au fer et à l'acier la vertu qu'il a de les attirer ; donnez-moi votre couteau, Henri ; je vais en faire l'expérience devant vous. Observez comme je frotte d'un bout à l'autre, et toujours sur le même sens. Approchez-le maintenant des aiguilles. Eh bien! ne font-elles pas à peu près le même exercice que si elles étaient approchées d'une véritable pierre d'aimant? Vous seriez curieux de savoir comment cela s'opère, n'est-ce pas? De plus habiles que moi se trouveraient embarrassés à vous l'expliquer. Votre ami vous fera connaitre un jour les opinions les plus raisonnables des philosophes sur cet objet. Contentons-nous à présent de nous féliciter de cette heureuse découverte, qui a tiré mille fois les marins d'un grand embarras. Représentez-vous en effet un vaisseau au milieu d'une nuit obscure ou de sombres brouillards, ne pouvant consulter le soleil ni les étoiles qui lui serviraient pour guider sa marche. Que ferait-il sans sa boussole? Il serait obligé de s'abandonner au hasard, et prendrait souvent une route contraire à celle qu'il veut tenir. Mais sa boussole est toujours prête à le remettre sur la voie. C'est un guide qu'on peut interroger en tout temps, et qui ne trompe jamais.

LES POISSONS.

Les habitants des eaux sont les poissons, dont les différentes espèces sont tout au moins aussi nombreuses que celles des animaux terrestres. Il en est d'une grandeur si étonnante que je ne saurais à quoi les comparer; il en est au contraire d'une petitesse qui les dérobe à la vue; quelques uns très jolis à voir, quelques autres d'un aspect hideux.

Vous avez vu souvent servir sur nos tables des turbots, des soles, des merlans, des brochets, des dorades, des esturgeons, et une infinité d'autres, dont vous avez trouvé la chair d'un goût délicieux; tous ceux-là se prennent sur nos côtes. Les pêcheurs, montés sur leurs barques, n'ont qu'à s'avancer un peu dans la mer et laisser tomber leurs filets pour les attraper en grande abondance. Ils les amènent aussitôt dans le port, et de là ils sont dispersés dans tous les lieux où ils peuvent arriver avant de se corrompre.

Il en est en revanche qu'il faut aller chercher un peu loin, tels que la baleine, la morue et le hareng. Je vais vous en parler avec quelque détail, parce que cette pêche est plus considérable, et qu'elle offre des particularités dignes de votre attention.

FIN.

TABLE.

La Campagne. 5
La Prairie. 6
Le Champ de Blé. 8
La Vigne. 13
Les Legumes, les Herbages. 14
Le Chanvre et le Lin. 15
Le Coton. *ibid.*
Les Haies. 16
Les Arbres de haute futaie. 17
Les Bois taillis. 19
Le Verger. *ibid.*
Les Pépinières et la Greffe. 22
Les Fleurs. 23
Les Carrières. 25
Mines de Charbon et de Sel. 26
Mines de Métaux. 27
Mines de Pierres précieuses. 28
Les Bœufs. 29
Les Brebis. 3
Le Cheval. 33
L'Ane. 36
Le Chien. 37
Le Cerf. 38
Le Chat. 39
Le Lion. 40
Le Tigre. 42
La Panthère. 44
Le Léopard. *ibid*

L'Once.	45
Le Lynx.	*ibid.*
Le Serval.	46
Le Chat sauvage.	*ibid.*
L'Éléphant.	47
Le Rhinocéros.	48
L'Ours.	49
Le Chameau.	50
Le Loup.	51
Le Renard.	53
Le Chevreuil.	54
Le Vautour.	55
L'Aigle.	57
Le Hibou.	59
La Poule.	62
La Perdrix.	66
La Pie.	67
Le Paon, le Coq d'Inde, le Faisan, le Pigeon.	68
La Tourterelle.	69
Le Rossignol.	70
Le Cygne, l'Oie, le Canard.	71
Les Oiseaux de passage.	73
Les Oiseaux étrangers.	*ibid.*
Le Colibri.	*ibid.*
L'Autruche.	76
Les Nids d'oiseaux.	79
Les Abeilles.	82
Les Papillons, les Chenilles et les Vers à soie.	86
La Terre.	92
La Mer.	97
Les Poissons.	103

FIN DE TABLE.

Limoges. — Impr. EUGENE ARDANT et Cie

www.ingramcontent.com/pod-product-compliance
Lightning Source LLC
Chambersburg PA
CBHW070955240526
45469CB00016B/1162